Raphaële Supper

Croissance des fonctions sous-harmoniques et des fonctions entières

Raphaële Supper

Croissance des fonctions sous-harmoniques et des fonctions entières

Fonctions holomorphes entières de type exponentiel et fonctions sous-harmoniques dans l'espace ou dans la boule unité

Presses Académiques Francophones

Impressum / Mentions légales

Bibliografische Information der Deutschen Nationalbibliothek: Die Deutsche Nationalbibliothek verzeichnet diese Publikation in der Deutschen Nationalbibliografie; detaillierte bibliografische Daten sind im Internet über http://dnb.d-nb.de abrufbar.
Alle in diesem Buch genannten Marken und Produktnamen unterliegen warenzeichen-, marken- oder patentrechtlichem Schutz bzw. sind Warenzeichen oder eingetragene Warenzeichen der jeweiligen Inhaber. Die Wiedergabe von Marken, Produktnamen, Gebrauchsnamen, Handelsnamen, Warenbezeichnungen u.s.w. in diesem Werk berechtigt auch ohne besondere Kennzeichnung nicht zu der Annahme, dass solche Namen im Sinne der Warenzeichen- und Markenschutzgesetzgebung als frei zu betrachten wären und daher von jedermann benutzt werden dürften.

Information bibliographique publiée par la Deutsche Nationalbibliothek: La Deutsche Nationalbibliothek inscrit cette publication à la Deutsche Nationalbibliografie; des données bibliographiques détaillées sont disponibles sur internet à l'adresse http://dnb.d-nb.de.
Toutes marques et noms de produits mentionnés dans ce livre demeurent sous la protection des marques, des marques déposées et des brevets, et sont des marques ou des marques déposées de leurs détenteurs respectifs. L'utilisation des marques, noms de produits, noms communs, noms commerciaux, descriptions de produits, etc, même sans qu'ils soient mentionnés de façon particulière dans ce livre ne signifie en aucune façon que ces noms peuvent être utilisés sans restriction à l'égard de la législation pour la protection des marques et des marques déposées et pourraient donc être utilisés par quiconque.

Coverbild / Photo de couverture: www.ingimage.com

Verlag / Editeur:
Presses Académiques Francophones
ist ein Imprint der / est une marque déposée de
OmniScriptum GmbH & Co. KG
Heinrich-Böcking-Str. 6-8, 66121 Saarbrücken, Deutschland / Allemagne
Email: info@presses-academiques.com

Herstellung: siehe letzte Seite /
Impression: voir la dernière page
ISBN: 978-3-8416-3549-5

Zugl. / Agréé par: Strasbourg, 2005

CROISSANCE DES FONCTIONS SOUS–HARMONIQUES ET DES FONCTIONS ENTIÈRES À N VARIABLES

Raphaële SUPPER

SOMMAIRE

Dans les chapitres I à III, la norme euclidienne dans $\mathbb{R}^N$ est notée $|.|$ avec $N \geq 2$ un entier fixé. Bien sûr, cette même notation désigne parfois aussi la valeur absolue usuelle d'un nombre réel ou le module d'un nombre complexe dans $\mathbb{C}$, mais sans jamais d'ambiguïté dans le contexte.

Le mot "positif" est toujours compris comme "positif ou nul" (*non–negative* en anglais). De même, le mot "croissante" est toujours compris au sens large (*non–decreasing* en anglais).

1

FONCTIONS SOUS–HARMONIQUES AVEC UNE CROISSANCE DE TYPE BLOCH

1. Introduction.

Définition 1. *Étant donné* $\alpha > 0$, *soit* $\mathcal{B}_\alpha$ *l'ensemble de toutes les fonctions* u *sous–harmoniques positives dans* $B_N = \{x \in I\!\!R^N : |x| < 1\}$ *telles que:*

$$(1) \qquad G_\alpha(u) := \sup_{x \in B_N} (1 - |x|^2)^\alpha \, u(x) < +\infty.$$

Remarque: cette appellation "croissance de type Bloch" fait référence au cas $N = 2$: l'espace des fonctions f holomorphes dans le disque unité D de $\mathbb{C}$ telles que (1) soit vérifiée avec $u = |f'|$ est traditionnellement appelé espace de Bloch de paramètre α.

Dans le cas $\alpha = 1$, cet espace a été introduit en 1929 par Landau en [34], mais son origine remonte à 1924 avec le théorème de Bloch en [13] sur la taille de l'image de D par une fonction holomorphe, résultat qui permit une nouvelle preuve du théorème de Picard (toute fonction entière dans $\mathbb{C}$ non constante évite au plus une valeur) initialement établi à l'aide de fonctions elliptiques.

Les espaces de Bloch ont fait l'objet de nombreux travaux. Ils interviennent entre autres en théorie des opérateurs (voir par exemple [2], [7], [10], [37]), dans l'étude des fonctions automorphes (voir par exemple [5], [6])... On renvoie à [4], [44, chapitre 10], [69, chapitre 5] et [70] pour un tour d'horizon plus exhaustif sur ces espaces (et à [47], [58] pour le cas des fonctions holomorphes dans la boule unité de $\mathbb{C}^N$).

Définition 2. *Pour tout $a \in B_N$ et tout $R \in [0, 1[$, soit*

$$B(a, R) = \{x \in B_N \,:\, |x - a| < R\},$$

avec Vol $B(a, R)$ le volume de cette boule (pour information: Vol $B(a, R) = V_N R^N$ où $V_N = \frac{2\,\pi^{N/2}}{N\,.\,\Gamma(N/2)}$ est le volume de B_N, voir [29, p.29]). On note

$$R_a = R\,\frac{1 - |a|^2}{1 + R|a|}.$$

Pour un quelconque $R \in\,]0, 1[$, le Théorème 1 établit la caractérisation suivante de $\mathcal{B}_\alpha$:

$$(2) \qquad u \in \mathcal{B}_\alpha \iff \sup_{a \in B_N} \left(\frac{1}{\text{Vol } B(a, R_a)}\right)^{1 - \frac{\alpha}{N}} \int_{B(a, R_a)} u(x)\,dx \,<\, +\infty.$$

Dans le Théorème 2 et la Proposition 2, on observe que seule l'implication $\Longleftarrow$ reste valable quand la boule $B(a, R_a)$ est remplacée par l'ellipsoïde

$$E(a, R) = \{x \in B_N \,:\, |\varphi_a(x)| < R\},$$

la transformation φ_a étant définie par:

$$\varphi_a(x) = \frac{a - P_a(x) - \sqrt{1 - |a|^2}\,Q_a(x)}{1 - \langle x, a \rangle} \qquad \forall x \in B_N,$$

où

$$\langle x, a \rangle = \sum_{j=1}^{N} x_j\,a_j \qquad P_a(x) = \frac{\langle x, a \rangle}{|a|^2}\,a, \qquad Q_a(x) = x - P_a(x)$$

pour tous $x = (x_1, x_2, \dots, x_N) \in I\!\!R^N$ et $a = (a_1, a_2, \dots, a_N) \in I\!\!R^N$ avec $P_a(x) = 0$ si $a = 0$.

Ceci met en évidence une différence significative avec l'espace de Bloch de paramètre α (l'espace de fonctions holomorphes dans le disque unité D de $\mathbb{C}$ évoqué plus haut): cet espace est caractérisé ([68]) par une propriété similaire à (2), avec $B(a, R_a)$ remplacée par $E(a, R)$ et $\varphi_a(z)$ par $\frac{a - z}{1 - \overline{a} z}$ pour tous $a \in D$ et $z \in D$, $E(a, R)$ devenant alors un disque euclidien.

Une autre différence avec le cas de $\mathbb{C}$ est soulignée dans le paragraphe 2: notre ensemble $\mathcal{B}_\alpha$ n'est pas invariant sous l'application φ_a ($a \in B_N$, $a \neq 0$).

4

À partir de maintenant, φ_a désignera toujours cet automorphisme plus général défini ci–dessus. Cette transformation φ_a est un automorphisme de la boule unité de $\mathbb{C}^N$ (voir [46, pp.25–30] ou [1, p.115]). Ici on travaille sur la boule unité de $\mathbb{R}^N$, mais de nombreuses propriétés intéressantes de φ_a se transposent au cas réel.

Le Théorème 3 présente une autre caractérisation de $\mathcal{B}_\alpha$: pour tout $R \in]0,1[$,

$$u \in \mathcal{B}_\alpha \iff \sup_{a \in B_N} \int_{B(a,R_a)} u(x)\,(1-|x|^2)^{\alpha-N}\,dx < +\infty.$$

Définition 3. *Étant donnés $p \in \mathbb{R}$ et $\omega : [0,1[\to [0,+\infty[$ une fonction mesurable, soit $\mathcal{SH}(p,\omega)$ l'ensemble de toutes les fonctions u positives sous–harmoniques dans B_N qui satisfont*

$$S_{p,\omega}(u) := \sup_{a \in B_N} \int_{B_N} u(x)\,(1-|x|^2)^p\,\omega(|\varphi_a(x)|)\,dx < +\infty.$$

Quand la fonction ω est décroissante et telle que

$$(3) \qquad \Omega := \int_0^1 \frac{\omega(r)\,r^{N-1}}{(1-r^2)^{\frac{N+1}{2}}}\,dr < +\infty,$$

les Théorèmes 4 et 5 prouvent que:

$$\mathcal{B}_\alpha \subset \mathcal{SH}(p,\omega) \subset \mathcal{B}_\gamma \qquad \text{pour } 0 < \alpha < p + \frac{N+1}{2} < p + N \le \gamma.$$

Les Propositions 5 et 6 produisent des contrexemples pour montrer que les inclusions inverses ne sont pas valables en général.

Le paragraphe 5 étudie le cas des fonctions sous–harmoniques lacunaires de la forme:

$$u(x) = \sum_{k=1}^{+\infty} c_k\,|x|^{2^k}.$$

Les Théorèmes 6, 7 et les Propositions 8, 9 donnent divers critères pour que de telles fonctions appartiennent à $\mathcal{B}_\alpha$ ou à $\mathcal{SH}(p,\omega)$. Tous les lemmes techniques 1 à 7 sont repoussés en appendice: voir le paragraphe 6.

Terminons ce paragraphe 1 avec quelques remarques sur la signification de p et ω dans la Définition 3. Pour des fonctions f holomorphes dans le disque unité D de $\mathbb{C}$, soit $S_{p,\omega}(|f'|^q)$ défini, pour tout $q > 0$, comme dans la Définition 3, mais avec φ_a remplacé par l'application $z \mapsto \frac{a-z}{1-\bar{a}z}$ où a et z appartiennent à D identifié à B_2.

Si $\omega(r) = \log\frac{1}{r}$ et $p = 0$, alors $S_{p,\omega}(|f'|^2) < +\infty$ signifie que f appartient à l'espace $BMOA$.

Si $\omega(r) = \left(\log\frac{1}{r}\right)^s$ avec $s > 1$, $p > -2$ et $q > 0$, alors $S_{p,\omega}(|f'|^q) < +\infty$ signifie que f appartient à l'espace de Bloch de paramètre $\frac{p+2}{q}$.

Si $\omega \equiv 1$ et $p = 1$, alors $S_{p,\omega}(|f'|^2) < +\infty$ signifie que f appartient à l'espace de Hardy H^2.

Si $\omega \equiv 1$ et $p \geq 1$, alors $S_{p,\omega}(|f'|^p) < +\infty$ signifie que f appartient à l'espace de Bergman L_a^p.

Si $\omega \equiv 1$ et $p > -1$, alors $S_{p,\omega}(|f'|^2) < +\infty$ signifie que f appartient à l'espace de Dirichlet D_p.

Si $\omega \equiv 1$ et $p > -1$, alors $S_{p,\omega}(|f'|^{p+2}) < +\infty$ signifie que f appartient à l'espace de Besov de paramètre $(p+2)$.

Voir [67] pour plus de détails sur ces espaces et ces résultats.

Les résultats exposés dans les paragraphes ci–dessous ont fait l'objet des publications [55] et [53].

2. L'ensemble $\mathcal{B}_\alpha$ n'est pas Möbius–invariant.

Proposition 1. *(i) Étant donné $a \in B_N$, si $u \in \mathcal{B}_\alpha$ est tel que $u \circ \varphi_a$ reste sous–harmonique dans B_N, alors $u \circ \varphi_a \in \mathcal{B}_\alpha$.*
(ii) Pour $u \in \mathcal{B}_\alpha$, la fonction $u \circ \varphi_a$ n'est pas nécessairement sous–harmonique, comme l'illustre le contrexemple suivant:
Étant donné $a \in B_N$, $a \neq 0$, la fonction u définie par $u(x) = 1 + \langle x, a \rangle \; \forall x \in B_N$ appartient à $\mathcal{B}_\alpha$ (pour tout $\alpha > 0$) mais $u \circ \varphi_a$ n'est pas sous–harmonique dans B_N.

Preuve de (i). On a $u \circ \varphi_a \in \mathcal{B}_\alpha$ d'après le Lemme 2 (voir paragraphe 6): soient $x \in B_N$ et $y = \varphi_a(x) = \varphi_a^{-1}(x)$, on sait que $1 - \langle x, a \rangle \geq 1 - |a| > 0$

6

donc

$$(1 - |x|^2)^\alpha \, u(\varphi_a(x)) \quad = (1 - |\varphi_a(y)|^2)^\alpha \, u(y) = \frac{(1 - |y|^2)^\alpha \, (1 - |a|^2)^\alpha u(y)}{(1 - \langle y, a \rangle)^{2\alpha}}$$

$$\leq \frac{(1 - |y|^2)^\alpha u(y) \, (1 - |a|^2)^\alpha}{(1 - |a|)^{2\alpha}}$$

$$\leq \left(\frac{1 + |a|}{1 - |a|} \right)^\alpha G_\alpha(u) < +\infty.$$

Preuve de (ii). Cette fonction u est sous–harmonique et même harmonique dans $I\!\!R^N$ puisque son Laplacien est identiquement zéro. De plus $u(x) \geq 0$ pour tout $x \in B_N$ puisque $|\langle x, a \rangle| \leq |x|.|a| < 1 \; \forall x \in B_N \; \forall a \in B_N$. Comme u est bornée sur B_N, (1) est trivialement vérifié. Par ailleurs

$$v(x) := u(\varphi_a(x)) \quad = 1 + \langle \varphi_a(x), a \rangle = 1 + \frac{|a|^2 - \langle x, a \rangle}{1 - \langle x, a \rangle}$$

$$= 1 + \frac{|a|^2 - 1 + 1 - \langle x, a \rangle}{1 - \langle x, a \rangle} = 2 - \frac{1 - |a|^2}{1 - \langle x, a \rangle}.$$

Pour tout $j \in \{1, 2, ..., N\}$, on a:

$$\frac{\partial v}{\partial x_j}(x) = -(1 - |a|^2)\frac{a_j}{(1 - \langle x, a \rangle)^2} \quad \text{et} \quad \frac{\partial^2 v}{\partial x_j^2}(x) = -(1 - |a|^2)\frac{2\,a_j^2}{(1 - \langle x, a \rangle)^3}$$

ainsi

$$\Delta v(x) = -\frac{2(1 - |a|^2)\,|a|^2}{(1 - \langle x, a \rangle)^3} < 0 \qquad\qquad \forall x \in B_N.$$

3. Moyennes sur des boules et des ellipsoïdes.

Théorème 1. *Soient $\alpha > 0$ et $R \in]0, 1[$. Une fonction sous–harmonique $u \geq 0$ appartient à $\mathcal{B}_\alpha$ si et seulement si:*

$$M_{\alpha,R}(u) := \sup_{a \in B_N} \frac{1}{[\text{Vol } B(a, R_a)]^{1 - \frac{\alpha}{N}}} \int_{B(a, R_a)} u(x)\,dx < +\infty.$$

De plus:

$$\left(\frac{1}{1 + R} \right)^\alpha G_\alpha(u) \leq \left(\frac{1}{R \sqrt[N]{V_N}} \right)^\alpha M_{\alpha,R}(u) \leq \left(\frac{1 + R}{1 - R} \right)^\alpha G_\alpha(u).$$

Preuve de l'implication "⟸". Soit $a \in B_N$. La sous–harmonicité de u fournit:

$$u(a) \leq \frac{1}{\text{Vol } B(a, R_a)} \int_{B(a, R_a)} u(x)\, dx.$$

Or

$$1 - |a|^2 = \frac{1 + R\,|a|}{R}\, R_a \leq \frac{1+R}{R} \left(\frac{\text{Vol } B(a, R_a)}{V_N} \right)^{1/N}.$$

Donc :

$$u(a)\,(1 - |a|^2)^\alpha \leq \left(\frac{1+R}{R\,\sqrt[N]{V_N}} \right)^\alpha \frac{1}{[\text{Vol } B(a, R_a)]^{1 - \frac{\alpha}{N}}} \int_{B(a, R_a)} u(x)\, dx.$$

Preuve de l'implication "⟹". Comme $u \in \mathcal{B}_\alpha$, on a $u(x) \leq \frac{G_\alpha(u)}{(1-|x|^2)^\alpha}$ $\forall x \in B_N$. Soit $a \in B_N$. Le Lemme 1 fournit: $\frac{1}{1-|x|^2} \leq \frac{1+R}{1-R} \frac{1}{1-|a|^2}$ $\forall x \in B(a, R_a)$. Ainsi:

$$\int_{B(a, R_a)} u(x)\, dx \leq G_\alpha(u) \left(\frac{1+R}{1-R} \right)^\alpha \frac{1}{(1-|a|^2)^\alpha} \cdot \text{Vol } B(a, R_a)$$

de telle sorte que:

$$\frac{1}{[\text{Vol } B(a, R_a)]^{1 - \frac{\alpha}{N}}} \int_{B(a, R_a)} u(x)\, dx$$

$$\leq G_\alpha(u) \left(\frac{1+R}{1-R} \right)^\alpha \frac{[Vol\, B(a, R_a)]^{\alpha/N}}{(1-|a|^2)^\alpha}$$

$$= G_\alpha(u) \left(\frac{1+R}{1-R} \right)^\alpha \frac{1}{(1-|a|^2)^\alpha}\, V_N^{\alpha/N}\, R^\alpha\, \frac{(1-|a|^2)^\alpha}{(1+R|a|)^\alpha}$$

$$\leq G_\alpha(u) \left(\frac{1+R}{1-R}\, R\, \sqrt[N]{V_N} \right)^\alpha.$$

Corollaire 1. *Soient $\alpha > 0$ et $u \in \mathcal{B}_\alpha$, alors $M_{\alpha, R}(u) < +\infty$ $\forall R \in]0, 1[$. S'il existe des constantes $C > 0$ et $\varepsilon > 0$ telles que $M_{\alpha, R}(u) \leq C\, R^{\alpha + \varepsilon}$ $\forall R \in]0, 1[$, alors u est la fonction identiquement nulle sur B_N.*

Preuve. Si $G_\alpha(u) \neq 0$, le Théorème 1 implique: $M_{\alpha, R}(u) \sim R^\alpha\, V_N^{\alpha/N}\, G_\alpha(u)$ quand R tend vers 0^+. D'où une contradiction.

Théorème 2. *Soient* $\alpha > 0$, $R \in]0,1[$ *et* u *une fonction sous–harmonique positive dans* B_N. *Si*

$$L_{\alpha,R}(u) := \sup_{a \in B_N} \frac{1}{[\text{Vol } E(a,R)]^{2\frac{N-\alpha}{N+1}}} \int_{E(a,R)} u(x)\, dx < +\infty$$

alors $u \in \mathcal{B}_\alpha$, *avec* $G_\alpha(u) \leq m_\alpha(R) \left[V_N R^N\right]^{1-2\frac{\alpha+1}{N+1}} L_{\alpha,R}(u)$ *où* $m_\alpha(R) = \frac{(1-R^2)^\alpha}{(1-R)^N}$ *si* $0 < \alpha \leq N$ *et* $m_\alpha(R) = \left(\frac{2}{2\alpha-N}\right)^{2\alpha-N} (\alpha-N)^{\alpha-N}\alpha^\alpha$ *si* $\alpha > N$.

Remarque. Quand $\alpha > N$ et $0 < R \leq \frac{N}{2\alpha-N}$, la majoration de $G_\alpha(u)$ ci–dessus reste valable avec $m_\alpha(R) = \frac{(1-R^2)^\alpha}{(1-R)^N}$ et est même meilleure.

Preuve du Théorème 2. Soit $a \in B_N$. Puisque $u \geq 0$, le Lemme 3 (énoncé au paragraphe 6) et la sous–harmonicité de u conduisent à:

$$(4) \qquad \int_{E(a,R)} u(x)\, dx \geq \int_{B(a,R_a)} u(x)\, dx$$

$$\geq u(a)\, Vol\, B(a,R_a)$$

$$= u(a)\, V_N\, R^N \frac{(1-|a|^2)^N}{(1+R|a|)^N}.$$

Donc:

$$u(a)\,(1-|a|^2)^\alpha \leq \frac{1}{V_N\, R^N} \frac{(1+R|a|)^N}{(1-|a|^2)^{N-\alpha}} \int_{E(a,R)} u(x)\, dx.$$

Comme

$$1-|a|^2 = (1-R^2\,|a|^2) \left(\frac{Vol\, E(a,R)}{V_N\, R^N}\right)^{\frac{2}{N+1}}$$

d'après le Lemme 4, on obtient:

$u(a)\,(1-|a|^2)^\alpha$

$$\leq \frac{(1+R|a|)^N}{V_N\, R^N} \frac{(V_N\, R^N)^{\frac{2(N-\alpha)}{N+1}}}{(1-R^2\,|a|^2)^{N-\alpha} [\text{Vol } E(a,R)]^{\frac{2(N-\alpha)}{N+1}}} \int_{E(a,R)} u(x)\, dx$$

$$= \frac{(1-R^2\,|a|^2)^\alpha}{(1-R|a|)^N} \frac{(V_N\, R^N)^{\frac{N-1-2\alpha}{N+1}}}{[\text{Vol } E(a,R)]^{\frac{2(N-\alpha)}{N+1}}} \int_{E(a,R)} u(x)\, dx.$$

9

Considérons la fonction $g : [0, 1[\to [0, +\infty[$ définie par $g(t) = \frac{(1-t^2)^\alpha}{(1-t)^N}$.
Quand $0 < \alpha \leq N$, g est croissante sur $[0, 1[$, si bien que $g(R|a|) \leq g(R)$ pour tous $a \in B_N$ et $R \in [0, 1[$.
Quand $\alpha > N$, l'étude de la dérivée g' montre que g est croissante sur $[0, \tau[$ avec $\tau = \frac{N}{2\alpha-N}$ et décroissante sur $]\tau, 1[$, avec comme maximum:

$$g(\tau) = \left(\frac{2}{2\alpha - N}\right)^{2\alpha-N} (\alpha - N)^{\alpha-N} \alpha^\alpha.$$

Donc $g(R|a|) \leq g(R) \leq g(\tau)$ $\forall a \in B_N$ $\forall R \in [0, \tau]$ et $g(R|a|) \leq g(\tau)$ pour tous $a \in B_N$ et $R \in [\tau, 1[$.

Corollaire 2. *Étant donné $\alpha > 0$, soit $u \geq 0$ une fonction sous–harmonique dans B_N telle que $L_{\alpha,R}(u) < +\infty$ $\forall R \in]0, 1[$.*
(i) Si $L_{\alpha,R}(u) \leq C(1-R)^{N+\varepsilon}$ $\forall R \in]0, 1[$ (avec $C > 0$ et $\varepsilon > 0$ deux constantes) alors u est la fonction identiquement nulle dans B_N.
(ii) Soit $\mu = \frac{2N(\alpha+1)}{N+1} - N$. Si $L_{\alpha,R}(u) \leq C R^{\mu+\varepsilon}$ $\forall R \in]0, 1[$ (pour certaines constantes $C > 0$ et $\varepsilon > 0$) alors $u \equiv 0$ dans B_N.

Preuve. (i) Puisque $G_\alpha(u) \leq C (V_N R^N)^{-\frac{\mu}{N}} (1 - R)^\varepsilon$ $\forall R \in]0, 1[$, le résultat en découle quand R tend vers 1^-.
(ii) On a $G_\alpha(u) \leq C \frac{(V_N)^{-\frac{\mu}{N}}}{(1-R)^N} R^\varepsilon$ $\forall R \in]0, 1[$, d'où le résultat lorsque $R \to 0^+$.

La réciproque du Théorème 2 n'est pas valable pour tout $u \in \mathcal{B}_\alpha$. La fonction u de la Proposition 2 produit un contrexemple.

Proposition 2. *Étant donnés $\alpha > 0$ et $R \in]0, 1[$, la fonction u définie par*

$$u(x) = \frac{1}{(1 - |x|^2)^\alpha} \qquad \forall x \in B_N$$

appartient à $\mathcal{B}_\alpha$ mais

$$\sup_{a \in B_N} \frac{1}{[\text{Vol } E(a, R)]^{2\frac{N-\alpha}{N+1}}} \int_{E(a,R)} u(x)\, dx = +\infty.$$

Preuve. La sous–harmonicité de u découle de $\Delta u(x) = g''(r) + \frac{N-1}{r} g'(r) \geq 0$ où $r = |x|$ (voir [29, p.26]) et $g(r) = \frac{1}{(1-r^2)^\alpha}$ ($r \in [0, 1[$).

10

Soit $a \in B_N$. Puisque φ_a est un $\mathcal{C}^1$–difféomorphisme de B_N dans lui–même (Lemme 2), le changement de variable $x = \varphi_a(y)$ conduit à:

$$\int_{E(a,R)} u(x)\,dx = \int_{B(0,R)} \frac{1}{(1-|\varphi_a(y)|^2)^\alpha} \left(\frac{\sqrt{1-|a|^2}}{1-\langle y,a\rangle}\right)^{N+1} dy$$

$$= \int_{|y|<R} \frac{(1-\langle y,a\rangle)^{2\alpha-(N+1)}}{(1-|a|^2)^{\alpha-\frac{N+1}{2}}(1-|y|^2)^\alpha}\,dy.$$

D'après l'inégalité de Cauchy–Schwarz, on a:

$$1-R \leq 1-R\,|a| \leq 1-\langle y,a\rangle \leq 1+R\,|a| \leq 1+R \leq \frac{1}{1-R},$$

ainsi $(1-\langle y,a\rangle)^{2\alpha-N-1} \geq (1-R)^{|2\alpha-N-1|}$. Soit $d\sigma$ l'élément de surface sur la sphère unité S_N de $\mathbb{R}^N$. Avec $y = r\eta$, où $r = |y|$ et $\eta \in S_N$, on a

$$\int_{|y|<R} \frac{dy}{(1-|y|^2)^\alpha} = \int_0^R \int_{S_N} \frac{d\sigma(\eta)\,r^{N-1}\,dr}{(1-r^2)^\alpha},$$

si bien que:

(5) $$\int_{E(a,R)} u(x)\,dx \geq (1-|a|^2)^{\frac{N+1}{2}-\alpha}(1-R)^{|2\alpha-N-1|}\,\sigma_N \int_0^R \frac{r^{N-1}\,dr}{(1-r^2)^\alpha}$$

avec $\sigma_N = \frac{2\pi^{N/2}}{\Gamma(N/2)}$ l'aire de S_N ([29, p.29]). Le Lemme 4 (paragraphe 6) procure:

$$[\text{Vol } E(a,R)]^{2\frac{N-\alpha}{N+1}} = (V_N R^N)^{2\frac{N-\alpha}{N+1}} \left(\frac{1-|a|^2}{1-R^2\,|a|^2}\right)^{N-\alpha}$$

$$\leq (1-|a|^2)^{N-\alpha} \frac{(V_N R^N)^{2\frac{N-\alpha}{N+1}}}{(1-R^2)^{|N-\alpha|}}$$

puisque $1-R^2 \leq 1-R^2\,|a|^2 \leq 1 \leq \frac{1}{1-R^2}$ implique

$$(1-R^2\,|a|^2)^{N-\alpha} \geq (1-R^2)^{|N-\alpha|}.$$

Finalement:

$$\frac{1}{[\text{Vol } E(a,R)]^{2\frac{N-\alpha}{N+1}}} \int_{E(a,R)} u(x)\,dx \geq C(N,\alpha,R) \frac{1}{(1-|a|^2)^{\frac{N-1}{2}}}$$

pour une certaine constante $C(N,\alpha,R)$ indépendante de $a \in B_N$.

Quand $Vol\ E(a,R)$ est doté du même exposant $\frac{N-\alpha}{N}$ que $Vol\ B(a,R_a)$ dans le Théorème 1, au lieu de l'exposant $2\frac{N-\alpha}{N+1}$, on obtient aussi:

Proposition 3. *Soient $\alpha \geq N$ et $R \in\,]0,1[$. Si une fonction u positive et sous–harmonique dans B_N satisfait*

$$(6) \qquad P_{\alpha,R}(u) = \sup_{a\in B_N} \frac{1}{[Vol\ E(a,R)]^{\frac{N-\alpha}{N}}} \int_{E(a,R)} u(x)\,dx < +\infty$$

alors $u \in \mathcal{B}_\alpha$. Mais la réciproque n'est pas vraie, la même fonction u que dans la Proposition 2 sert encore ici de countrexemple.

Preuve. Il suffit de montrer que:

$$\frac{1}{[Vol\ E(a,R)]^{2\frac{N-\alpha}{N+1}}} \leq (V_N)^{\frac{(\alpha-N)(N-1)}{N(N+1)}} \frac{1}{[Vol\ E(a,R)]^{\frac{N-\alpha}{N}}}.$$

Ceci est une conséquence du Lemme 4:

$$[Vol\ E(a,R)]^{(N-\alpha)\left(\frac{1}{N}-\frac{2}{N+1}\right)} = [Vol\ E(a,R)]^{(\alpha-N)\frac{N-1}{N(N+1)}}$$
$$= \left[V_N\,R^N\left(\frac{1-|a|^2}{1-R^2\,|a|^2}\right)^{\frac{N+1}{2}}\right]^{\frac{(\alpha-N)(N-1)}{N(N+1)}}.$$

Or $R<1$, $\frac{1-|a|^2}{1-R^2\,|a|^2}\leq 1$ et $(\alpha-N)\frac{N-1}{N(N+1)}\geq 0$, d'où la majoration ci–dessus. D'une part, si (6) est vérifié, alors le Théorème 2 s'applique, ainsi $u \in \mathcal{B}_\alpha$. D'autre part, pour la fonction u de la Proposition 2, on constate que (6) n'est pas vérifié: la borne "sup" dans (6) est infinie.

Proposition 4. *Soient $0 < \alpha < N$ et $R \in\,]0,1[$. Si une fonction sous–harmonique $u \geq 0$ dans B_N satisfait la condition (6), alors $u \in \mathcal{B}_\nu$ avec $\nu = N + \frac{(\alpha-N)(N+1)}{2N}$. Mais la réciproque est fausse.*

Preuve. Supposons d'abord que u satisfait (6). Soit $a \in B_N$. D'après (4) et le Lemme 4:

$$(7) \qquad \frac{1}{[Vol\ E(a,R)]^{\frac{N-\alpha}{N}}} \int_{E(a,R)} u(x)\,dx$$
$$\geq u(a)\,V_N\,R^N\,\frac{(1-|a|^2)^N}{(1+R|a|)^N} \cdot (V_N\,R^N)^{\frac{\alpha-N}{N}}\left(\frac{1-|a|^2}{1-R^2\,|a|^2}\right)^{\frac{(N+1)(\alpha-N)}{2N}}$$
$$\geq u(a)\,(V_N\,R^N)^{\frac{\alpha}{N}}\,\frac{(1-|a|^2)^N}{(1+R)^N}\left(\frac{1-|a|^2}{1-R^2}\right)^{\frac{(N+1)(\alpha-N)}{2N}}$$

puisque $1+R|a| \leq 1+R$, $1-R^2\,|a|^2 \geq 1-R^2$ et $\frac{(N+1)(\alpha-N)}{2N} < 0$.

Notons que $\nu = \frac{N-1}{2} + \alpha \frac{N+1}{2N} > \alpha$ car $\nu - \alpha = \frac{N-1}{2} + \alpha \frac{1-N}{2N} = \frac{N-1}{2}(1 - \frac{\alpha}{N}) > 0$. Considérons ensuite la fonction u de la Proposition 2: $u \in \mathcal{B}_\alpha$ donc $u \in \mathcal{B}_\nu$ ($\mathcal{B}_\alpha \subset \mathcal{B}_\nu$ puisque $\alpha \leq \nu$). Soit $a \in B_N$. De (5) conjointement avec:

$$[\text{Vol } E(a,R)]^{\frac{N-\alpha}{N}} = (V_N\,R^N)^{\frac{N-\alpha}{N}} \left(\frac{1-|a|^2}{1-R^2\,|a|^2} \right)^{\frac{(N+1)(N-\alpha)}{2N}}$$

$$\leq (V_N)^{\frac{N-\alpha}{N}} \left(\frac{1-|a|^2}{1-R^2} \right)^{\frac{(N+1)(N-\alpha)}{2N}}$$

(puisque $R < 1$ et $N - \alpha \geq 0$), on déduit que:

$$\frac{1}{[\text{Vol } E(a,R)]^{\frac{N-\alpha}{N}}} \int_{E(a,R)} u(x)\,dx \geq K \frac{(1-|a|^2)^{\frac{N+1}{2}-\alpha}}{(1-|a|^2)^{\frac{(N+1)(N-\alpha)}{2N}}} = K\,(1-|a|^2)^\varepsilon$$

avec $\varepsilon = \frac{N+1}{2} - \alpha - \frac{(N+1)(N-\alpha)}{2N} = -\alpha + \frac{(N+1)\alpha}{2N} = \alpha\frac{1-N}{2N} < 0$ et une constante $K = K(N,\alpha,R)$ indépendante de $a \in B_N$. Finalement:

$$\sup_{a \in B_N} \frac{1}{[\text{Vol } E(a,R)]^{\frac{N-\alpha}{N}}} \int_{E(a,R)} u(x)\,dx = +\infty.$$

Corollaire 3. *Soient $\alpha > 0$, ν défini comme dans la Proposition 4 et $u \geq 0$ une fonction sous–harmonique dans B_N, telle que $P_{\alpha,R}(u) < +\infty \; \forall R \in]0,1[$. (i) s'il existe des constantes $C > 0$ et $\varepsilon > 0$ telles que $P_{\alpha,R}(u) \leq C\,R^{\alpha+\varepsilon}$ pour tout $R \in]0,1[$, alors $u \equiv 0$ dans B_N. (ii) si $P_{\alpha,R}(u) \leq C\,(1-R)^{|N-\nu|+\varepsilon} \; \forall R \in]0,1[$ (pour certaines constantes $C > 0$ et $\varepsilon > 0$) alors $u \equiv 0$ dans B_N.*

Preuve. Étant donné $a \in B_N$, la première inégalité de (7) est valable quel que soit $\alpha > 0$. Puisque $\frac{1}{1-R^2} \geq 1 - R^2\,|a|^2 \geq 1 - R^2$, il en découle que: $(1-R^2\,|a|^2)^{N-\nu} \geq (1-R^2)^{|N-\nu|}$, donc

$$P_{\alpha,R}(u) \geq u(a)\,(1-|a|^2)^\nu (V_N)^{\frac{\alpha}{N}} \frac{R^\alpha}{(1+R)^N}\,(1-R^2)^{|N-\nu|} \qquad \forall R \in]0,1[.$$

Preuve de (i). Comme $u(a)\,(1-|a|^2)^\nu (V_N)^{\frac{\alpha}{N}} \frac{(1-R^2)^{|N-\nu|}}{(1+R)^N} \leq C\,R^\varepsilon \; \forall R \in]0,1[$, le résultat $u(a) = 0$ s'ensuit quand $R \to 0^+$.

13

Preuve de (ii). On a $u(a)\,(1-|a|^2)^\nu\,(V_N)^{\frac{\alpha}{N}}\,R^\alpha\,(1+R)^{|N-\nu|-N} \leq C\,(1-R)^\varepsilon$ pour tout $R \in]0,1[$. Quand $R \to 1^-$, on obtient *(ii)*.

4. Une autre caractérisation de $\mathcal{B}_\alpha$.

Théorème 3. *Soient $\alpha > 0$ et $R \in]0,1[$. Une fonction sous–harmonique $u \geq 0$ dans B_N appartient à $\mathcal{B}_\alpha$ si et seulement si:*

$$\sup_{a \in B_N} \int_{B(a,R_a)} u(x)\,(1-|x|^2)^{\alpha-N}\,dx < +\infty.$$

Preuve. Comme

$$[Vol\ B(a,R_a)]^{\frac{\alpha}{N}-1} = (V_N)^{\frac{\alpha-N}{N}} \left[\frac{R(1-|a|^2)}{1+R|a|}\right]^{\alpha-N}$$

et $\frac{1-|x|^2}{2} \leq 1-|a|^2 \leq \frac{1+R}{1-R}(1-|x|^2)$ pour tout $x \in B(a,R_a)$ (Lemmes 1 et 5, voir paragraphe 6), il s'ensuit d'une part que:

$$\left(\frac{R(1-|x|^2)}{2(1+R)}\right)^{\alpha-N} \leq \left[\frac{Vol\ B(a,R_a)}{V_N}\right]^{\frac{\alpha-N}{N}}$$
$$\leq \left(\frac{R(1+R)(1-|x|^2)}{1-R}\right)^{\alpha-N} \qquad \text{quand } \alpha \geq N$$

D'autre part:

$$\left(\frac{R(1+R)(1-|x|^2)}{1-R}\right)^{\alpha-N} \leq \left[\frac{Vol\ B(a,R_a)}{V_N}\right]^{\frac{\alpha-N}{N}}$$
$$\leq \left(\frac{R(1-|x|^2)}{2(1+R)}\right)^{\alpha-N} \qquad \text{quand } \alpha < N$$

Or $u(x) \geq 0$, on a donc pour tout $x \in B(a,R_a)$:

$$D.u(x)\,(1-|x|^2)^{\alpha-N} \leq [Vol\ B(a,R_a)]^{\frac{\alpha}{N}-1}u(x) \leq D'.u(x)\,(1-|x|^2)^{\alpha-N}$$

où les constantes $D = D(N,\alpha,R)$ et $D' = D'(N,\alpha,R)$ sont indépendantes de x et a. Donc le Théorème 3 découle de la caractérisation (2).

Théorème 4. *Soit* $\omega : [0,1[\to [0,+\infty[$ *une fonction décroissante. Étant donnés* $\alpha > 0$ *et* $p \leq \alpha - N$, *si une fonction sous–harmonique* $u \geq 0$ *dans* B_N *satisfait* $S_{p,\omega}(u) < +\infty$, *alors* $u \in \mathcal{B}_\alpha$.

Preuve. Soit $a \in B_N$. Comme $u(x) \geq 0 \ \forall x \in B_N$, on a pour tout $R \in]0,1[$:

$$\int_{B_N} u(x)\,(1 - |x|^2)^p\,\omega(|\varphi_a(x)|)\,dx$$

$$\geq \int_{B(a,R_a)} u(x)\,(1 - |x|^2)^p\,\omega(|\varphi_a(x)|)\,dx$$

$$\geq \int_{B(a,R_a)} u(x)\,(1 - |x|^2)^{\alpha-N}\,\omega(|\varphi_a(x)|)\,dx$$

$$(\text{puisque } (1 - |x|^2)^p \geq (1 - |x|^2)^{\alpha-N})$$

$$\geq \omega(R) \int_{B(a,R_a)} u(x)\,(1 - |x|^2)^{\alpha-N}\,dx$$

parce que ω décroît et que $B(a, R_a) \subset E(a, R)$ d'après le Lemme 3. D'où $|\varphi_a(x)| < R \ \forall x \in B(a, R_a)$. Avec R fixé, le résultat "$u \in \mathcal{B}_\alpha$" découle du Théorème 3.

La réciproque du Théorème 4 n'est pas nécessairement valable:

Proposition 5. *Avec* ω *comme dans la Définition 3,* $\alpha > 0$ *et* $p < \alpha - \frac{N+1}{2}$, *la fonction* u *de la Proposition 2 appartient à* $\mathcal{B}_\alpha$ *mais* $S_{p,\omega}(u) = +\infty$.

Preuve. Étant donné $a \in B_N$, le changement de variable $y = \varphi_a(x)$ (voir Lemme 2, paragraphe 6) conduit à:

$$\int_{B_N} u(x)\,(1 - |x|^2)^p\,\omega(|\varphi_a(x)|)\,dx = \int_{B_N} (1 - |x|^2)^{p-\alpha}\,\omega(|\varphi_a(x)|)\,dx$$

$$= \int_{B_N} (1 - |\varphi_a(y)|^2)^{p-\alpha}\,\omega(|y|)\,\left(\frac{1 - |\varphi_a(y)|^2}{1 - |y|^2}\right)^{\frac{N+1}{2}}\,dy$$

$$= \int_{B_N} \left[\frac{1 - |a|^2}{(1 - \langle y, a\rangle)^2}\right]^{p-\alpha+\frac{N+1}{2}} (1 - |y|^2)^{p-\alpha}\,\omega(|y|)\,dy.$$

Or $|\langle y, a\rangle| \leq \frac{|a|}{2} < \frac{1}{2}$ si $y \in B_N$ satisfait $|y| \leq \frac{1}{2}$, donc $1 - \langle y, a\rangle \geq \frac{1}{2}$ pour de tels y.

15

Puisque $p - \alpha + \frac{N+1}{2} < 0$, on obtient:

$$\int_{B_N} u(x)\,(1 - |x|^2)^p\,\omega(|\varphi_a(x)|)\,dx$$

$$\geq [4(1 - |a|^2)]^{p-\alpha+\frac{N+1}{2}} \int_{|y| \leq \frac{1}{2}} (1 - |y|^2)^{p-\alpha}\,\omega(|y|)\,dy.$$

On a $\sup_{a \in B_N} (1 - |a|^2)^{p-\alpha+\frac{N+1}{2}} = +\infty$ car l'exposant est < 0. D'où le résultat $S_{p,\omega}(u) = +\infty$

Théorème 5. *Soit une fonction* $\omega : [0, 1[\to [0, +\infty[$ *satisfaisant* (3). *Étant donnés* $\alpha > 0$ *et* $p \geq \alpha - \frac{N+1}{2}$, *on a l'inclusion* $\mathcal{B}_\alpha \subset \mathcal{SH}(p, \omega)$.

Preuve. Soit $u \in \mathcal{B}_\alpha$, ainsi $u(x) \leq \frac{G_\alpha(u)}{(1 - |x|^2)^\alpha}$ $\forall x \in B_N$, donc :

$$\int_{B_N} u(x)\,(1 - |x|^2)^p\,\omega(|\varphi_a(x)|)\,dx$$

$$\leq G_\alpha(u) \int_{B_N} (1 - |x|^2)^{p-\alpha}\,\omega(|\varphi_a(x)|)\,dx$$

$$= G_\alpha(u) \int_{B_N} (1 - |\varphi_a(y)|^2)^{p-\alpha+\frac{N+1}{2}}\,\omega(|y|)\,\frac{dy}{(1 - |y|^2)^{\frac{N+1}{2}}}$$

$$\leq G_\alpha(u) \int_{B_N} \frac{\omega(|y|)}{(1 - |y|^2)^{\frac{N+1}{2}}}\,dy$$

$$= G_\alpha(u)\,\sigma_N \int_0^1 \frac{\omega(r)\,r^{N-1}}{(1 - r^2)^{\frac{N+1}{2}}}\,dr \qquad \forall a \in B_N$$

avec les mêmes notations et les les mêmes changements de variable que dans la démonstration de la Proposition 2. On a pu majorer $(1 - |\varphi_a(y)|^2)^{p-\alpha+\frac{N+1}{2}}$ par 1 puisque $p - \alpha + \frac{N+1}{2} \geq 0$. Finalement: $S_{p,\omega}(u) \leq G_\alpha(u)\,\sigma_N\,\Omega$.

Proposition 6. *Avec* ω *et* $\alpha > 0$ *comme dans le Théorème 5, on considère* $p > \alpha - \frac{N+1}{2}$ *et* $\alpha < \beta \leq p + \frac{N+1}{2}$. *Alors la fonction* u *définie par*

$$u(x) = \frac{1}{(1 - |x|^2)^\beta} \qquad \forall x \in B_N$$

appartient à $\mathcal{SH}(p, \omega)$ *mais pas à* $\mathcal{B}_\alpha$.

Preuve. Puisque $\Delta u \geq 0$ peut être verifié comme dans la preuve de la Proposition 2, $u \notin \mathcal{B}_\alpha$ est une conséquence de

$$\sup_{x \in B_N} (1 - |x|^2)^{\alpha - \beta} = +\infty.$$

Étant donné $a \in B_N$, on obtient

$$\int_{B_N} u(x)\,(1 - |x|^2)^p\,\omega(|\varphi_a(x)|)\,dx$$
$$= \int_{B_N} (1 - |\varphi_a(y)|^2)^{p - \beta + \frac{N+1}{2}}\,\frac{\omega(|y|)}{(1 - |y|^2)^{\frac{N+1}{2}}}\,dy \leq \sigma_N\,\Omega$$

de la même façon que dans la preuve précédente. Donc $S_{p,\omega}(u) < +\infty$.

Proposition 7. *Si $p > -\frac{N+1}{2}$ et si la fonction $\omega : [0,1[\to [0,+\infty[$ satisfait la condition (3), alors*

$$\max\{\alpha > 0 \,:\, \mathcal{B}_\alpha \subset \mathcal{SH}(p,\omega)\} = p + \frac{N+1}{2}.$$

Preuve. Le Théorème 5 assure déjà $\mathcal{B}_\alpha \subset \mathcal{SH}(p,\omega)\ \forall \alpha \in]0, p + \frac{N+1}{2}]$. Pour $\alpha > p + \frac{N+1}{2}$, on déduit $\mathcal{B}_\alpha \not\subset \mathcal{SH}(p,\omega)$ de la Proposition 5.

5. Fonctions sous–harmoniques lacunaires

Définition 4. *Soit $\mathcal{G}$ l'ensemble de toutes les fonctions u définies sur B_N par $u(x) = f(|x|)\ \forall x \in B_N$, où $f(r)$ est la somme d'une série de puissances avec des coefficients $c_k \geq 0$ ($k \in \mathbb{N}^* = \mathbb{N} \setminus \{0\}$) de la forme:*

$$(8) \qquad f(r) = \sum_{k \in \mathbb{N}^*} c_k\,r^{2^k}$$

qui converge pour tout $r \in [0,1[$.

Remarque. De telles fonctions u sont positives et sous–harmoniques dans B_N puisque $\Delta u(x) = f''(r) + \frac{N-1}{r}\,f'(r)$ (avec $r = |x|$, voir [29, p.26]) et $f'(r) \geq 0$, $f''(r) \geq 0\ \forall r \in [0,1[$.

17

Théorème 6. *Étant donnés $p > -\frac{N+3}{4}$ et $\omega : [0,1[\to [0,+\infty[$ une fonction mesurable telle que:*

$$(9) \qquad \Omega' := \int_0^1 \frac{[\omega(r)]^2 \, r^{N-1}}{(1-r^2)^{\frac{N+1}{2}}} \, dr < +\infty,$$

soit $u \in \mathcal{G}$ avec un développement lacunaire (8). Si

$$\sum_{k \in \mathbb{N}} c_{k+1}^2 \, 2^{-2k(p+\frac{N+3}{4})} < +\infty,$$

alors $u \in \mathcal{SH}(p,\omega)$.

Exemple: la fonction ω défini par $\omega(r) = \left(\log \frac{1}{r}\right)^s$ avec $s > \frac{N-1}{4}$ remplit la condition (9).

Preuve du Théorème 6. Étant donné $a \in B_N$, l'inégalité de Cauchy–Schwarz conduit à:

$$\int_{B_N} u(x)\,(1-|x|^2)^p \, \omega(|\varphi_a(x)|) \, dx$$

$$= \int_{B_N} u(x)\,(1-|x|^2)^{p+\frac{N+1}{4}} \, \frac{\omega(|\varphi_a(x)|)}{(1-|x|^2)^{\frac{N+1}{4}}} \, dx$$

$$\leq \left(\int_{B_N} [u(x)]^2 \, (1-|x|^2)^{2p+\frac{N+1}{2}} \, dx \right)^{\frac{1}{2}} \left(\int_{B_N} \frac{[\omega(|\varphi_a(x)|)]^2}{(1-|x|^2)^{\frac{N+1}{2}}} \, dx \right)^{\frac{1}{2}}.$$

Le changement de variable $y = \varphi_a(x)$ transforme la seconde intégrale en:

$$\int_{B_N} \frac{[\omega(|\varphi_a(x)|)]^2}{(1-|x|^2)^{\frac{N+1}{2}}} \, dx = \int_{B_N} \frac{[\omega(|y|)]^2}{(1-|\varphi_a(y)|^2)^{\frac{N+1}{2}}} \left(\frac{1-|\varphi_a(y)|^2}{1-|y|^2} \right)^{\frac{N+1}{2}} dy$$

$$= \sigma_N \int_0^1 \frac{[\omega(r)]^2}{(1-r^2)^{\frac{N+1}{2}}} \, r^{N-1} \, dr = \sigma_N \Omega' \qquad \forall a \in B_N.$$

Par ailleurs:

$$\int_{B_N} [u(x)]^2 \, (1-|x|^2)^{2p+\frac{N+1}{2}} \, dx = \sigma_N \int_0^1 [f(r)]^2 \, (1-r^2)^{2p+\frac{N+1}{2}} \, r^{N-2} \, r \, dr$$

$$\leq \frac{\sigma_N}{2} \int_0^1 [g(t)]^2 \, (1-t)^{2p+\frac{N+1}{2}} \, dt$$

18

puisque $r^{N-2} \leq 1$, avec

$$g(t) = f(\sqrt{t}) = \sum_{k \in \mathbb{N}^*} c_k \, t^{2^{k-1}} = \sum_{k \in \mathbb{N}} c_{k+1} \, t^{2^k}.$$

D'après le Lemme 6 (paragraphe 6), avec

$$\alpha = 2p + \frac{N+1}{2} + 1 = 2p + \frac{N+3}{2} > 0, \qquad \beta = 2, \qquad s_k = c_{k+1},$$

l'intégrale ci–dessus est majorée par:

$$K \sum_{k \in \mathbb{N}} c_{k+1}^2 \, 2^{-k(2p+\frac{N+3}{2})}.$$

Finalement:

$$\int_{B_N} u(x) \, (1-|x|^2)^p \, \omega(|\varphi_a(x)|) \, dx \leq \sqrt{\sigma_N \Omega'} \, \sqrt{\frac{\sigma_N}{2} \, K} \, \sqrt{\sum_{k \in \mathbb{N}} c_{k+1}^2 \, 2^{-k(2p+\frac{N+3}{2})}}.$$

Théorème 7. *Étant donnés $p \in \mathbb{R}$ et $s \in \mathbb{R}$ tels que $p + s + 1 > 0$, on considère $\omega : [0,1[\rightarrow [0,+\infty[$ une fonction mesurable pour laquelle il existe une constante $C > 0$ telle que*

$$\omega(r) \geq C \, (1-r^2)^s \qquad \forall r \in [0,1[$$

Soit $u \in \mathcal{G}$ avec le développement lacunaire (8). Si $u \in \mathcal{SH}(p,\omega)$ alors

$$\sum_{k \in \mathbb{N}} c_{k+1} \, 2^{-k(p+s+1)} < +\infty.$$

Exemple: la fonction ω définie par $\omega(r) = \left(\log \frac{1}{r}\right)^s$ avec $s \geq 0$ satisfait $\omega(r) \geq (1-r)^s \geq \frac{1}{2^s}(1-r^2)^s$.

Preuve du Théorème 7. Pour $a = 0$, on a $|\varphi_a(x)| = |x|$ donc :

$$\begin{aligned} S_{p,\omega}(u) &\geq \int_{B_N} u(x) \, (1-|x|^2)^p \, \omega(|x|) \, dx \geq C \int_{B_N} u(x) \, (1-|x|^2)^{p+s} \, dx \\ &= C \, \sigma_N \int_0^1 f(r) \, (1-r^2)^{p+s} \, r^{N-1} \, dr \\ &= \frac{C \, \sigma_N}{2} \int_0^1 f(\sqrt{t}) \, t^{\frac{N}{2}-1} \, (1-t)^{p+s} \, dt. \end{aligned}$$

19

Soit $k_0 \in \mathbb{N}$ tel que $\frac{N}{2} \leq 2^{k_0}$, donc

$$1 + \frac{\frac{N}{2} - 1}{2^k} \leq 2^{k_0} \qquad \forall k \in \mathbb{N},$$

en d'autres termes: $2^k + \frac{N}{2} - 1 \leq 2^{k+k_0}$. Donc $t^{2^k + \frac{N}{2} - 1} \geq t^{2^{k+k_0}}$ $\forall t \in [0, 1[$ et

$$f(\sqrt{t}) \, t^{\frac{N}{2} - 1} \geq h(t) := \sum_{k \in \mathbb{N}} c_{k+1} \, t^{2^{k+k_0}} = \sum_{k \geq k_0} c_{k+1-k_0} \, t^{2^k}.$$

Finalement:

$$
\begin{aligned}
S_{p,\omega}(u) \quad &\geq \frac{C \, \sigma_N}{2} \int_0^1 h(t) \, (1-t)^{p+s} \, dt \geq \frac{C \, \sigma_N}{2K} \sum_{k \geq k_0} c_{k+1-k_0} \, 2^{-k(p+s+1)} \\
&= 2^{-k_0(p+s+1)} \frac{C \, \sigma_N}{2K} \sum_{k \in \mathbb{N}} c_{k+1} \, 2^{-k(p+s+1)}
\end{aligned}
$$

D'après le Lemme 6 appliqué avec $\alpha = p+s+1$, $\beta = 1$, $s_k = c_{k+1-k_0}$ $\forall k \geq k_0$ et $s_k = 0$ $\forall k \in \{0, 1, 2, \ldots, k_0 - 1\}$ (ici, K n'a pas la même valeur que dans la preuve précédente).

Proposition 8. *Soient p, s et ω définis comme dans le Théorème 7. Alors*

$$\mathcal{G} \cap \mathcal{SH}(p, \omega) \subset \mathcal{B}_\alpha \qquad \forall \alpha \geq p + s + 1.$$

Exemple: si ω est décroissante, l'inclusion dans $\mathcal{B}_\alpha$ découle du Théorème 4 pour $\alpha \geq p + N$, ainsi la Proposition 8 apporte de nouvelles informations dans le cas $0 \leq s < N - 1$.

Preuve de la Proposition 8. Soit $u \in \mathcal{G} \cap \mathcal{SH}(p, \omega)$, avec le développement lacunaire (8). On sait d'après le Théorème 7 que la série

$$\sum_{k \in \mathbb{N}} c_{k+1} \, 2^{-k(p+s+1)}$$

converge, donc

$$\lim_{k \to +\infty} c_{k+1} \, 2^{-k(p+s+1)} = 0.$$

Pour k suffisamment grand, $c_{k+1}\, 2^{-k(p+s+1)} \leq 1$. Or

$$c_{k+1}\, 2^{-(k+1)\alpha} = 2^{-\alpha}\, c_{k+1}\, 2^{-k\alpha} \leq 2^{-\alpha}\, c_{k+1}\, 2^{-k(p+s+1)} \qquad \forall k \in I\!N.$$

Ainsi $\sup\limits_{k \geq 1} c_k\, 2^{-k\alpha} < +\infty$ et le Lemme 7 (paragraphe 6) fournit: $u \in \mathcal{B}_\alpha$.

(on pourrait même vérifier que $\lim\limits_{k \to +\infty} c_k\, 2^{-k\alpha} = 0$)

Remarque. Sous les conditions du Théorème 7, l'inclusion $\mathcal{G} \cap \mathcal{B}_\alpha \subset \mathcal{SH}(p,\omega)$ n'a pas lieu pour $\alpha \geq p + s + 1$. Par exemple, la fonction $u \in \mathcal{G}$, avec le développement (8) défini par $c_k = 2^{k\alpha}\ \forall k \in I\!N^*$, appartient à $\mathcal{B}_\alpha$ mais pas à $\mathcal{SH}(p,\omega)$, puisque

$$\sup_{k \geq 1} c_k\, 2^{-k\alpha} < +\infty$$

et $\displaystyle\sum_{k \in I\!N} c_{k+1}\, 2^{-k(p+s+1)} = 2^\alpha \sum_{k \in I\!N} 2^{k(\alpha - p - s - 1)} = +\infty.$

Proposition 9. *Soient p et ω définis comme dans le Théorème 6. Alors $\mathcal{G} \cap \mathcal{B}_\alpha \subset \mathcal{SH}(p,\omega)$ pour tout $\alpha < p + \frac{N+3}{4}$.*

Exemple: quand $\omega(r) = \left(\log \frac{1}{r}\right)^s$ avec $\frac{N-1}{4} < s \leq \frac{N-1}{2}$, le Théorème 5 ne peut pas être utilisé parce que (3) n'a pas lieu, mais la Proposition 9 peut être appliquée.

Preuve de la Proposition 9. Soit $u \in \mathcal{G} \cap \mathcal{B}_\alpha$, possédant le développement lacunaire (8). Puisque $c_{k+1}\, 2^{-(k+1)\alpha} = 2^{-\alpha}\, c_{k+1}\, 2^{-k\alpha}\ \forall k \in I\!N$, le Lemme 7 (paragraphe 6) conduit à:

$$\sup_{k \geq 1} c_{k+1}\, 2^{-k\alpha} < +\infty.$$

Le rayon de convergence de la série de puissances

$$\sum_{k \in I\!N} c_{k+1}^2\, z^{2k} \qquad (z \in \mathcal{C})$$

est ainsi $\geq 2^{-\alpha}$: autrement, la suite $\left(c_{k+1}^2\, 2^{-2k\alpha}\right)_{k \in I\!N}$ ne serait pas bornée d'après le lemme d'Abel. Or $2^{-\alpha} > 2^{-(p+\frac{N+3}{4})}$ donc

$$\sum_{k \in I\!N} c_{k+1}^2\, 2^{-2k(p+\frac{N+3}{4})}$$

converge et $u \in \mathcal{SH}(p,\omega)$ d'après le Théorème 6.

Remarque. Sous les conditions du Théorème 6, l'inclusion $\mathcal{G} \cap \mathcal{SH}(p, \omega) \subset \mathcal{B}_\alpha$ n'est pas valable pour $\alpha < p + \frac{N+3}{4}$. Par exemple, la fonction $u \in \mathcal{G}$ avec le développement (8) défini par $c_k = k\, 2^{k\alpha}\ \forall k \in I\!N^*$, appartient à $\mathcal{SH}(p, \omega)$ mais pas à $\mathcal{B}_\alpha$, puisque

$$\sup_{k \geq 1} c_k\, 2^{-k\alpha} = +\infty$$

et $\displaystyle\sum_{k \in I\!N} c_{k+1}^2\, 2^{-2k(p + \frac{N+3}{4})} = 2^{2\alpha} \sum_{k \in I\!N} (k+1)^2\, 2^{-2k(p + \frac{N+3}{4} - \alpha)} < +\infty.$

6. Appendice: quelques résultats techniques.

Lemme 1. *Étant donnés $a \in B_N$ et $R \in [0, 1[$, on a*

$$1 - |x|^2 \geq \frac{1-R}{1+R}\, (1 - |a|^2) \qquad \forall x \in B(a, R_a).$$

Preuve. On a

$$|x| \leq |a| + R_a = \frac{|a| + R|a|^2 + R - R|a|^2}{1 + R|a|} = \frac{|a| + R}{1 + R|a|} < 1,$$

puisque $|a| + R - 1 - R|a| = (1 - |a|)(R - 1) < 0$. Donc :

$$\begin{aligned}
1 - |x|^2 &\geq 1 - \left(\frac{|a| + R}{1 + R|a|}\right)^2 = \frac{1 + 2R|a| + R^2|a|^2 - (|a|^2 + R^2 + 2R|a|)}{(1 + R|a|)^2}\\
&= \frac{(1 - |a|^2)(1 - R^2)}{(1 + R|a|)^2} \geq \frac{(1 - |a|^2)(1 - R^2)}{(1 + R)^2}.
\end{aligned}$$

Lemme 2. *Étant donné $a \in B_N$, l'application $\varphi_a : B_N \to B_N$ est une involution et*

$$1 - |\varphi_a(x)|^2 = \frac{(1 - |x|^2)\,(1 - |a|^2)}{(1 - \langle x, a \rangle)^2} \qquad \forall x \in B_N.$$

Soit $J_a(x)$ le déterminant de la matrice:

$$\left(\frac{\partial \varphi_{a,i}}{\partial x_j}(x)\right)_{1 \leq i,j \leq N}$$

où $\varphi_{a,1}$, $\varphi_{a,2}$, ..., $\varphi_{a,N}$ sont les N composantes de l'application φ_a. Alors

$$J_a(x) = (-1)^N \left(\frac{\sqrt{1-|a|^2}}{1-\langle x,a \rangle} \right)^{N+1} = (-1)^N \left(\frac{1-|\varphi_a(x)|^2}{1-|x|^2} \right)^{\frac{N+1}{2}}.$$

Preuve. Voir [46, pp.25–26] et [1, p.115] pour les propriétés de l'application φ_a. Procédons au calcul de $J_a(x)$. Avec $C = \frac{1}{|a|^2}(1-\sqrt{1-|a|^2})$ et $D = \sqrt{1-|a|^2}$, on a

$$-\varphi_{a,i}(x) = \frac{C\, a_i \langle x,a \rangle - a_i + D\, x_i}{1 - \langle x,a \rangle}$$

donc

$$-\frac{\partial \varphi_{a,i}}{\partial x_j}(x) = \frac{1}{(1-\langle x,a \rangle)^2} \left[C\, a_i\, a_j + D\, \delta_{i,j}(1-\langle x,a \rangle) - a_i\, a_j + D\, x_i\, a_j \right]$$

avec le symbole de Kronecker $\delta_{i,j}$. Comme $C - 1 = \frac{1}{|a|^2}(1-|a|^2\sqrt{1-|a|^2}) = -DC$, il en découle:

$$-\frac{\partial \varphi_{a,i}}{\partial x_j}(x) = \frac{D}{(1-\langle x,a \rangle)^2} \underbrace{\left[-C\, a_i\, a_j + \delta_{i,j}(1-\langle x,a \rangle) + x_i\, a_j \right]}_{:=A_{i,j}}$$

On en déduit que:

$$J_a(x) = \frac{\left(-\sqrt{1-|a|^2}\right)^N}{(1-\langle x,a \rangle)^{2N}} \Delta_N$$

où Δ_N désigne le déterminant ayant pour coefficients les $A_{i,j}$ ($1 \le i,j \le N$). Pour tout $j > 1$, multiplions la $j^{\text{ème}}$ colonne de la matrice $(A_{i,j})_{i,j}$ par a_1. Alors $a_1^{N-1}\Delta_N$ est le déterminant de la matrice $(B_{i,j})_{i,j}$ avec $B_{i,1} = A_{i,1} = a_1(x_i - C\, a_i) + \delta_{i,1}(1-\langle x,a \rangle)$ et

$$B_{i,j} = a_1\, a_j(x_i - C\, a_i) + a_1 \delta_{i,j}(1-\langle x,a \rangle)$$

pour tous $1 \le i \le N$ et $2 \le j \le N$.
Pour chaque $j > 1$, soustrayons la première colonne (multipliée par a_j) de la $j^{\text{ème}}$ colonne. Les nouveaux coefficients sont:

$$B_{i,j} - a_j B_{i,1} = (a_1 \delta_{i,j} - a_j \delta_{i,1})(1-\langle x,a \rangle)$$

pour tous $1 \leq i \leq N$ et $2 \leq j \leq N$, la première colonne étant inchangée. Excepté pour la première ligne, tous les coefficients contiennent le facteur a_1. Donc:

$$\Delta_N = \begin{vmatrix} a_1(x_1 - C\,a_1) + X & -a_2\,X & -a_3\,X & \dots & \dots & -a_N\,X \\ & & & & & \\ x_2 - C\,a_2 & X & 0 & \dots & \dots & 0 \\ x_3 - C\,a_3 & 0 & X & \ddots & & \vdots \\ \vdots & \vdots & \ddots & \ddots & \ddots & \vdots \\ \vdots & \vdots & & \ddots & \ddots & 0 \\ x_N - C\,a_N & 0 & \dots & \dots & 0 & X \end{vmatrix}$$

avec $X = 1 - \langle x, a \rangle$. Un développement par rapport à la dernière colonne conduit à $\Delta_N = X\,\Delta_{N-1} + a_N(x_N - C\,a_N)X^{N-1}$. Ainsi

$$\Delta_N = X^{N-1}\Delta_1 + X^{N-1}\left(\sum_{2 \leq j \leq N} a_j x_j - C \sum_{2 \leq j \leq N} a_j^2 \right)$$

par récurrence. Or $\Delta_1 = A_{1,1} = a_1 x_1 - C\,a_1^2 + X$. Finalement:

$$\Delta_N = X^N + X^{N-1}(\langle x, a \rangle - C\,|a|^2) = X^{N-1}(1 - C\,|a|^2) = X^{N-1}\sqrt{1 - |a|^2}.$$

La valeur de $J_a(x)$ en découle.

Lemme 3. *Pour tous $a \in B_N$ et $R \in [0, 1[$, l'ellipsoïde $E(a, R)$ contient $B(a, R_a)$, avec $E(0, R) = B(0, R)$ quand $a = 0$.*

Preuve. D'après [46, page 29] on dispose d'une autre expression de l'ellipsoïde:

$$E(a, R) = \left\{ x \in B_N \; : \; \frac{|P_a(x) - c|^2}{R^2 \rho^2} + \frac{|Q_a(x)|^2}{R^2 \rho} < 1 \right\}$$

où

$$c = \frac{(1 - R^2)a}{1 - R^2|a|^2} \qquad \text{et} \qquad \rho = \frac{1 - |a|^2}{1 - R^2|a|^2}.$$

Vérifions d'abord que $B(c, R\rho) \subset E(a, R)$. Soit $x \in B(c, R\rho)$. Puisque $x - c = P_a(x) - c + Q_a(x)$ et $\langle P_a(x) - c, Q_a(x) \rangle = \langle P_a(x-c), Q_a(x-c) \rangle = 0$, le théorème

24

de Pythagore fournit $|x - c|^2 = |P_a(x) - c|^2 + |Q_a(x)|^2$. Or $\rho^2 < \rho$ puisque $0 < \rho < 1$, de telle sorte que:

$$\frac{|P_a(x) - c|^2}{R^2 \rho^2} + \frac{|Q_a(x)|^2}{R^2 \rho} < \frac{|P_a(x) - c|^2}{R^2 \rho^2} + \frac{|Q_a(x)|^2}{R^2 \rho^2} = \frac{|x - c|^2}{R^2 \rho^2} < 1.$$

Observons maintenant qu'aucun point de la forme $x = \lambda c$ ($\lambda \in I\!\!R$) avec $R\rho \leq |x - c|$ ne peut appartenir à $E(a, R)$. En effet, $P_a(x) - c = x - c$ et $Q_a(x) = 0$ conduisent à:

$$\frac{|P_a(x) - c|^2}{R^2 \rho^2} + \frac{|Q_a(x)|^2}{R^2 \rho} \geq 1.$$

Par exemple, $a \in E(a, R)$ puisque $\varphi_a(a) = 0$, donc $|a - c| < R\rho$. Il en résulte que $a \in B(c, R\rho)$ et $B(a, R') \subset B(c, R\rho)$ avec

$$
\begin{aligned}
R' &= R\rho - |a - c| = R\,\frac{1 - |a|^2}{1 - R^2|a|^2} - |a|\left|1 - \frac{1 - R^2}{1 - R^2|a|^2}\right| \\
&= \frac{R(1 - |a|^2) - |a|\,R^2(1 - |a|^2)}{1 - R^2|a|^2} \\
&= \frac{R(1 - |a|^2)(1 - |a|R)}{(1 + R|a|)(1 - R|a|)} = \frac{R(1 - |a|^2)}{(1 + R|a|)}.
\end{aligned}
$$

Lemme 4. *Pour tous $a \in B_N$ et $R \in [0, 1[$, le volume de l'ellipsoïde $E(a, R)$ est:*

$$\text{Vol } E(a, R) = V_N\, R^N \left(\frac{1 - |a|^2}{1 - R^2\,|a|^2}\right)^{\frac{N+1}{2}}.$$

Preuve. Le même changement de variables que dans la démonstration de la Proposition 2 conduit à :

$$
\begin{aligned}
\text{Vol } E(a, R) &= \int_{E(a,R)} dx = \int_{B(0,R)} \left(\frac{\sqrt{1 - |a|^2}}{1 - \langle y, a\rangle}\right)^{N+1} dy \\
&= (1 - |a|^2)^{\frac{N+1}{2}} \int_0^R \int_{S_N} \frac{d\sigma(\eta)\, r^{N-1}\, dr}{(1 - r\,\langle \eta, a\rangle)^{N+1}}.
\end{aligned}
$$

Sans restriction de la généralité, on supposera que $a \neq 0$ et $a = |a|(1, 0, \ldots, 0)$.
Les coordonnées polaires dans $\mathbb{R}^N$ fournissent: $\eta_1 = \cos\theta_1$ et

$$d\sigma = (\sin\theta_1)^{N-2}(\sin\theta_2)^{N-3}\ldots(\sin\theta_{N-2})\,d\theta_1\,d\theta_2\ldots d\theta_{N-1}$$

avec $\theta_1, \theta_2, \ldots, \theta_{N-2} \in]0, \pi[$ et $\theta_{N-1} \in]0, 2\pi[$ (voir [72, p.15]). Il est clair que

$$(\sin\theta_2)^{N-3}(\sin\theta_3)^{N-4}\ldots(\sin\theta_{N-2})\,d\theta_2\,d\theta_3\ldots d\theta_{N-1}$$

est l'élément d'aire sur S_{N-1}.
Puisque $\sigma_1 = 2$, on obtient pour $N \geq 3$ aussi bien que pour $N = 2$:

$$\begin{aligned}
Vol\ E(a, R) &= (1 - |a|^2)^{\frac{N+1}{2}} \int_0^R \int_0^\pi \frac{\sigma_{N-1}(\sin\theta_1)^{N-2}\,d\theta_1}{(1 - r|a|\cos\theta_1)^{N+1}}\,r^{N-1}\,dr \\
&= (1 - |a|^2)^{\frac{N+1}{2}}\sigma_{N-1}\int\int_H \frac{t^{N-2}}{(1 - |a|\,s)^{N+1}}\,ds\,dt
\end{aligned}$$

avec $s = r\cos\theta_1$, $t = r\sin\theta_1$ et $H = \{(s, t) \in \mathbb{R}^2 : t \geq 0,\ s^2 + t^2 \leq R^2\}$.
Comme $N + 1 \notin -\mathbb{N}$, on a le développement suivant ([69, p.53]):

$$\frac{t^{N-2}}{(1 - |a|\,s)^{N+1}} = \sum_{n \geq 0} \frac{\Gamma(n + N + 1)}{n!\,\Gamma(N + 1)}\,|a|^n\,s^n\,t^{N-2},$$

cette série converge normalement sur H car $|a| < 1$. Par conséquent

$$\int\int_H \frac{t^{N-2}}{(1 - |a|\,s)^{N+1}}\,ds\,dt = \sum_{n \geq 0} \frac{\Gamma(n + N + 1)}{n!\,\Gamma(N + 1)}\,|a|^n\,J_n$$

avec

$$J_n = \int\int_H s^n\,t^{N-2}\,ds\,dt.$$

Quand n est impair, $J_n = 0$. Pour n pair ($n = 2k$):

$$J_n = \frac{R^{2k+N}}{N-1}\frac{\Gamma(k + \frac{1}{2})\,\Gamma(\frac{N+1}{2})}{\Gamma(k + \frac{N}{2} + 1)}$$

d'après l'identité d'Euler pour la fonction Beta (voir [44, pp. 67–68]). Donc:

$$\int \int_H \frac{t^{N-2}}{(1-|a|\,s)^{N+1}}\,ds\,dt$$

$$= \frac{R^N}{N-1} \sum_{k\geq 0} \frac{\Gamma(2k+N+1)}{\Gamma(k+\frac{N}{2}+1)} \frac{\Gamma(k+\frac{1}{2})}{\Gamma(2k+1)} \frac{\Gamma(\frac{N+1}{2})}{\Gamma(N+1)} \, (R^2\,|a|^2)^k$$

$$= \frac{R^N}{N-1} \sqrt{\pi} \, \frac{\Gamma(\frac{N+1}{2})}{\Gamma(\frac{N}{2}+1)} \sum_{k\geq 0} \frac{\Gamma(k+\frac{N+1}{2})}{k!\,\Gamma(\frac{N+1}{2})} \, (R^2\,|a|^2)^k$$

$$= R^N \frac{V_N}{\sigma_{N-1}} \left(\frac{1}{1-R^2\,|a|^2}\right)^{\frac{N+1}{2}}$$

d'après la formule de duplication $\sqrt{\pi}\,\Gamma(2z) = 2^{2z-1}\,\Gamma(z)\,\Gamma(z+\frac{1}{2})$ pour la fonction Gamma ([44, p. 45]), appliquée successivement avec $z = k+\frac{N}{2}+\frac{1}{2}$, $z = k+\frac{1}{2}$ puis avec $z = \frac{N+1}{2}$.

Lemme 5. *Pour tous* $a \in B_N$ *et* $R \in [0,1[$, *on a* $1-|x|^2 \leq 2(1-|a|^2)$ $\forall x \in B(a, R_a)$.

Preuve. Si $|a| \leq \frac{1}{\sqrt{2}}$, alors $1-2\,|a|^2 \geq 0$ donc

$$1-|x|^2 \leq 1 \leq 1+(1-2\,|a|^2) = 2(1-|a|^2) \qquad \forall x \in B_N.$$

Si $|a| > \frac{1}{\sqrt{2}}$, alors $R_a \leq |a|$ $\forall R \in [0,1[$ puisque

$$|a|-R_a = \frac{|a|(1+R|a|)-R(1-|a|^2)}{1+R|a|} = \frac{|a|+(2\,|a|^2-1)R}{1+R|a|} \geq 0 \quad \forall R \in [0,1[.$$

Ainsi on obtient pour tout $x \in B(a, R_a)$: $|x| \geq |a|-R_a \geq 0$ donc

$$1-|x|^2 \leq 1-(|a|-R_a)^2 = 1-\left[|a| - \frac{R(1-|a|^2)}{1+R|a|}\right]^2$$

$$= 1-\left[|a|^2 - \frac{2\,|a|\,R}{1+R|a|}(1-|a|^2) + \frac{R^2}{(1+R|a|)^2}(1-|a|^2)^2\right]$$

$$= (1-|a|^2)\left[1 + \frac{2\,|a|\,R}{1+R|a|} - \frac{R^2(1-|a|^2)}{(1+R|a|)^2}\right]$$

$$\leq (1-|a|^2)\left[1 + \frac{2\,|a|\,R}{1+R|a|}\right] \leq 2\,(1-|a|^2)$$

parce que $R\,|a| \leq 1$, ainsi $2R\,|a| \leq 1+R|a|$.

27

Lemme 6 (voir [39]). *Étant donnés $\alpha > 0$, $\beta > 0$ et une série entière*

$$g(t) = \sum_{n \in I\!N^*} b_n \, t^n$$

(convergente pour $|t| < 1$) avec des coefficients $b_n \geq 0$ ($n \in I\!N^* = I\!N \setminus \{0\}$), soit

$$s_k = \sum_{n \in I_k} b_n \qquad \text{où } I_k = \{n \in I\!N^* : 2^k \leq n < 2^{k+1}\} \quad \forall k \in I\!N.$$

Il existe une constante K, dépendant seulement de $\alpha > 0$ et $\beta > 0$, telle que:

$$\frac{1}{K} \sum_{k \in I\!N} 2^{-k\alpha} s_k^\beta \leq \int_0^1 (1-t)^{\alpha-1} [g(t)]^\beta dt \leq K \sum_{k \in I\!N} 2^{-k\alpha} s_k^\beta.$$

Lemme 7. *Étant donné $\alpha > 0$ et une série entière convergente, de somme $f(r)$ et de coefficients $c_k \geq 0$ comme dans (8), on a:*

$$\sup_{0 \leq r < 1} (1 - r^2)^\alpha \, f(r) < +\infty \quad \Longleftrightarrow \quad \sup_{k \geq 1} c_k \, 2^{-k\alpha} < +\infty.$$

Preuve. Comme $(1-r)^\alpha \leq (1-r^2)^\alpha \leq 2^\alpha (1-r)^\alpha \ \forall r \in [0,1[$, on va établir comme en [61]:

$$G := \sup_{0 \leq r < 1} (1-r)^\alpha f(r) < +\infty \Longleftrightarrow \sup_{k \geq 1} c_k \, 2^{-k\alpha} < +\infty.$$

Preuve de "$\Longrightarrow$". Étant donné $k \in I\!N^*$, la formule de Cauchy dans $\mathbb{C}$ fournit:

$$c_k = \frac{1}{2i\pi} \int_{|z|=r} \frac{f(z)}{z^{1+2^k}} \, dz$$

pour tout $r \in]0,1[$, donc :

$$|c_k| \leq \frac{1}{r^{2^k}} \sup_{|z|=r} |f(z)|.$$

Ici $|f(z)| \leq f(|z|) \; \forall z \in \mathbb{C}$ tel que $|z| < 1$, puisque f a des coefficients de Taylor à l'origine positifs ou nuls. Ainsi

$$0 \leq c_k \leq \frac{1}{r^{2^k}} \, f(r) \leq \frac{G}{r^{2^k}(1-r)^\alpha} \qquad \forall r \in]0,1[.$$

Le choix $r = 1 - \frac{1}{2^k}$ conduit à $c_k \leq G \, 2^{k\alpha} \left(1 - \frac{1}{2^k}\right)^{-2^k}$. Comme

$$\lim_{k \to +\infty} \left(1 - \frac{1}{2^k}\right)^{-2^k} = e,$$

la conclusion $\sup_{k \geq 1} c_k \, 2^{-k\alpha} < +\infty$ en découle.

Preuve de "$\Longleftarrow$". Il existe une constante $L \geq 0$ telle que $c_k \leq L \, 2^{k\alpha} \; \forall k \in \mathbb{N}^*$, donc

$$0 \leq f(r) \leq L \sum_{k \in \mathbb{N}^*} 2^{k\alpha} \, r^{2^k} \qquad \forall r \in [0,1[.$$

Comme $\alpha \notin -\mathbb{N}$ on a par ailleurs:

$$\frac{1}{(1-r)^\alpha} = \sum_{n \geq 0} \frac{\Gamma(n+\alpha)}{n! \, \Gamma(\alpha)} \, r^n \qquad \forall r \in [0,1[.$$

La formule de Stirling (voir [44, p.59]) implique $\frac{\Gamma(n+\alpha)}{n!} \sim n^{\alpha-1}$ quand n tend vers $+\infty$. Il existe ainsi une constante $M > 1$ (dépendant seulement de α) telle que $n^{\alpha-1} \leq M \frac{\Gamma(n+\alpha)}{n!} \; \forall n \in \mathbb{N}^*$. On va ultérieurement montrer que:

$$(10) \qquad \sum_{k \in \mathbb{N}^*} 2^{k\alpha} \, r^{2^k} \leq 2^{\alpha+1} \sum_{n \geq 1} n^{\alpha-1} \, r^n \qquad \forall r \in [0,1[.$$

Ceci conduira à: $f(r) \leq \frac{L \, 2^{\alpha+1} M}{(1-r)^\alpha} \, \Gamma(\alpha) \; \forall r \in [0,1[$ et la conclusion s'ensuivra. Montrons maintenant (10). Avec I_k défini comme dans le Lemme 6:

$$\sum_{n \geq 1} n^{\alpha-1} \, r^n = \sum_{k \geq 0} \sum_{n \in I_k} n^{\alpha-1} \, r^n.$$

29

Comme $0 \leq r < 1$, on a $r^n \geq r^{2^{k+1}}$ $\forall n < 2^{k+1}$ et $n^\alpha \geq 2^{k\alpha}$ $\forall n \geq 2^k$. Donc

$$\sum_{n \in I_k} n^{\alpha-1} r^n \geq r^{2^{k+1}} \sum_{n \in I_k} n^{\alpha-1} \geq r^{2^{k+1}} 2^{k\alpha} \sum_{n \in I_k} \frac{1}{n}.$$

La dernière somme contient 2^k termes, chacun d'eux est $\geq \frac{1}{2^{k+1}}$, si bien que:

$$\sum_{n \in I_k} n^{\alpha-1} r^n \geq r^{2^{k+1}} 2^{k\alpha} \frac{1}{2} = \frac{1}{2^{1+\alpha}} r^{2^{k+1}} 2^{(k+1)\alpha}.$$

Finalement $\displaystyle\sum_{n \geq 1} n^{\alpha-1} r^n \geq \frac{1}{2^{1+\alpha}} \sum_{k \geq 0} r^{2^{k+1}} 2^{(k+1)\alpha}$ et on en déduit (10).

CHAPITRE II

FONCTIONS SOUS–HARMONIQUES
ET MESURES DE RIESZ

1. Introduction.

Notation. *Étant données u une fonction sous–harmonique dans B_N (resp. dans $\mathbb{R}^N$) et μ sa mesure de Riesz, sa fonction de répartition ρ est définie par:*

$$\rho(s) = \int_{|\zeta| \leq s} d\mu(\zeta) \qquad \forall s \in [0, 1[\qquad (\text{resp. } \forall s \geq 0) \, .$$

Cette fonction est croissante et continue à droite.

Exemple: pour $N = 2$ et $u = \ln|f|$ où f est une fonction holomorphe dans D (resp. $\mathbb{C}$), $\rho(s)$ représente le nombre de zéros de f contenus dans le disque $\{z \in \mathbb{C} : |z| \leq s\}$ et comptés avec leur multiplicité (ici, la mesure de Riesz de u est constituée de masses de Dirac).

Dans le cas $N \geq 2$, on va étudier la croissance de ρ lorsque u satisfait certaines majorations. On étudiera également des fonctions u sous–harmoniques sujettes à une hypothèse de type intégrale à poids:

$$\int_{B_N (\text{resp. } \mathbb{R}^N)} u^+(x)\, \omega(|x|)\, dx < +\infty$$

avec $u^+ = \max(u, 0)$ et ω une fonction vérifiant certaines conditions qui seront explicitées plus loin.

L'étude des fonctions sous–harmoniques sujettes à une telle condition est motivée par la situation connue dans le cas de fonctions f holomorphes. Par exemple par ce résultat dû à [32]:

Si f est une fonction holomorphe dans D, telle que $f(0) \neq 0$, appartenant à un espace de Bergman, c'est–à–dire satisfaisant

$$\exists p \in]0, +\infty[\qquad \int_{|z|<1} |f(z)|^p \, d\mathcal{A}(z) < +\infty,$$

alors les zéros $\{z_k\}_{k \in I\!\!N}$ de f vérifient:

$$\sum_{k \in I\!\!N} (1 - |z_k|) \left(\log \frac{1}{1 - |z_k|} \right)^{-\gamma} < +\infty \qquad \forall \gamma > 1$$

Ou encore par ce résultat dû à [71]:

Si f est une fonction holomorphe dans $\mathbb{C}$, telle que $f(0) \neq 0$, appartenant à un espace de Nevanlinna–Fock, c'est–à–dire satisfaisant

$$\exists \alpha \in]0, +\infty[\qquad \int_{\mathbb{C}} \log^+ |f(z)| \, e^{-\alpha |z|^2} \, d\mathcal{A}(z) < +\infty,$$

alors les zéros $\{z_k\}_{k \in I\!\!N}$ de f vérifient:

$$\sum_{k \in I\!\!N} \frac{e^{-\alpha |z_k|^2}}{|z_k|^2} < +\infty$$

Toutes les fonctions sous–harmoniques u considérées dans ce chapitre sont supposées harmoniques dans un voisinage de l'origine O, avec $u(O) = 0$. Jusqu'à la fin du chapitre, cette hypothèse sera notée $\mathcal{H}_O$.

Les démonstrations des résultats exposés dans les paragraphes qui suivent sont détaillées dans mes articles [57] et [50], [52] respectivement.
Les paragraphes 2 à 6 sont consacrés au cas des fonctions sous–harmoniques dans la boule unité. Le paragraphe 7 est un survol de la situation dans le cas des fonctions sous–harmoniques dans $I\!\!R^N$.

2. Notations et définitions pour le cas des fonctions sous–harmoniques dans la boule unité.

Définition 1. *Étant donnés $A \geq 0$, $B > 0$ et $\gamma > 0$, soit $SH(\gamma, A, B)$ l'ensemble de toutes les fonctions sous–harmoniques u dans la boule unité*

$$B_N = \{x \in I\!\!R^N \; : \; |x| < 1\}$$

qui vérifient l'hypothèse $\mathcal{H}_O$ et satisfont

$$u(x) \leq A + B \, [h(|x|)]^{-\gamma} \qquad \forall x \in B_N, \qquad x \neq O$$

avec $|x|$ la norme euclidienne de x dans $I\!\!R^N$ et $h(s) = \log \frac{1}{s}$ $(\forall s > 0)$ si $N = 2$ ou $h(s) = \frac{1}{s^{N-2}} - 1$ si $N \geq 3$.

Le but de ce chapitre est d'étudier la croissance de la fonction $s \mapsto \rho(s)$ en comparaison avec la croissance de u. Au paragraphe 3 (voir Théorème 1 et Corollaire 1), il sera prouvé que:

$$\rho(s) \leq \left(\frac{\gamma + 1}{\gamma}\right)^{\gamma+1} B\gamma \left(\frac{1}{h(s)}\right)^{\gamma+1} \left[1 + \frac{A}{B(\gamma+1)} \left(\frac{B\gamma}{\rho(s)}\right)^{\frac{\gamma}{\gamma+1}}\right]^{\gamma+1} \quad \forall s \in \,]0,1[.$$

Ceci implique que:

$$\limsup_{s \to 1^-} \rho(s) \, [h(s)]^{\gamma+1} \leq B\gamma \left(\frac{\gamma+1}{\gamma}\right)^{\gamma+1} .$$

Par ailleurs,

$$\liminf_{s \to 1^-} \rho(s) \, [h(s)]^{\gamma+1} \leq B\gamma .$$

Plus précisément, il sera démontré dans le Théorème 2 que la valeur 1 appartient à l'adhérence de l'ensemble:

$$\left\{ s \in \,]0,1[\; : \; \rho(s) < B\gamma \left(\frac{1}{h(s)}\right)^{\gamma+1} \left[1 + \frac{A}{B(\gamma+1)} \left(\frac{B\gamma}{\rho(s)}\right)^{\frac{\gamma}{\gamma+1}}\right]^{\gamma+1} \right\}.$$

Une étude similaire est effectuée pour l'ensemble suivant :

Définition 2. *Étant donnés $A \geq 0$ et $B > 0$, soit $sh(A, B)$ l'ensemble de toutes les fonctions sous–harmoniques u dans B_N (vérifiant l'hypothèse $\mathcal{H}_O$) telles que:*

$$u(x) \leq A + B\, h(1 - |x|) \qquad \forall x \in B_N.$$

Par exemple, quand $N = 2$, il sera prouvé dans le paragraphe 4 que:

$$\frac{\rho(s)}{\log[B + \rho(s)]} \leq \frac{1}{h(s)} \left[B + \frac{A + B - B \log B}{\log[B + \rho(s)]} \right] \qquad \forall s \in]0, 1[.$$

Donc:

$$\limsup_{s \to 1^-} \frac{\rho(s)}{\log \rho(s)} \, \log \frac{1}{s} \leq B.$$

En complément, il sera démontré (voir Théorème 4) que

$$\liminf_{s \to 1^-} \rho(s) \, \log \frac{1}{s} \leq B.$$

Quand $N \geq 3$, le Théorème 3 et le Corollaire 2 établiront pour tout $s \in]0, 1[$:

$$\rho(s) \leq \frac{B}{[h(s)]^{N-1}} \left[N - 1 + \sum_{j=2}^{N-2} \binom{N-1}{j} \left(\frac{B}{\rho(s)} \right)^{\frac{j-1}{N-1}} + \frac{A}{B} \left(\frac{B}{\rho(s)} \right)^{\frac{N-2}{N-1}} \right]^{N-1}$$

Donc:

$$\limsup_{s \to 1^-} \rho(s) \, [h(s)]^{N-1} \leq B(N-1)^{N-1}.$$

Par ailleurs, il découlera du Théorème 5 que

$$\liminf_{s \to 1^-} \rho(s) \, [h(s)]^{N-1} \leq B(N-2)^{N-1}.$$

Notation. *Étant donnés $\gamma > 0$ et $B > 0$, soient*

$$SH(\gamma, B) = \bigcup_{A \geq 0} SH(\gamma, A, B) \qquad \text{et} \qquad sh(B) = \bigcup_{A \geq 0} sh(A, B).$$

Remarque. *La condition $u(O) = 0$ rend $A < 0$ impossible.*

Soient μ_1 et μ_2 les mesures de Riesz associées respectivement à u_1 et u_2, toutes deux fonctions dans $SH(\gamma, B)$. Étant donné $0 < B' < 2B$, il sera prouvé au Théorème 6 que $\mu_1 + \mu_2$ n'est pas nécessairement la mesure de Riesz d'une fonction de $SH(\gamma, B')$. Bien sûr, $\mu_1 + \mu_2$ est la mesure de Riesz de $u_1 + u_2 \in SH(\gamma, 2B)$. C'est aussi la mesure de Riesz de $u_1 + u_2 + h$ pour toute fonction h harmonique dans B_N. Le Théorème 6 souligne ainsi qu'il n'existe pas nécessairement une fonction harmonique h telle que $u_1 + u_2 - h \in SH(\gamma, B')$. Au paragraphe 5, un résultat similaire est établi pour $sh(B)$ également.

Le paragraphe 6 est consacré au cas des fonctions sous–harmoniques u sujettes à des conditions de type L^1 de la forme:

$$\int_{B_N} u^+(x)\,\omega(|x|)\,dx < +\infty$$

(tous les détails sur la fonction $\omega \geq 0$ seront fournis au paragraphe 6). Il sera démontré que:

$$\int_{B_N} (1 - |\zeta|)^k \left(\log \frac{1}{1 - |\zeta|}\right)^{-\gamma} d\mu(\zeta) < +\infty \qquad \forall \gamma > 1$$

pour une certaine constante k explicitée dans le Théorème 8.

Pour des fonctions sous–harmoniques u satisfaisant:

$$\int_{B_N} u^+(x)\,[-\omega'(|x|^2)]\,dx < +\infty$$

avec une fonction ω positive décroissante $\mathcal{C}^1$, le Théorème 7 établit que:

$$\int_{B_N} h(|\zeta|^{1-\alpha})\,\omega(|\zeta|^{2\alpha})\,d\mu(\zeta) < +\infty \qquad \forall \alpha \in\,]0, 1[.$$

Procédons maintenant à l'énoncé de quelques lemmes préparatoires.

Définition 3. *Pour tout $r > 0$, soit h_r définie sur $\mathbb{R}^N \setminus \{0\}$ par:*

$$h_r(\zeta) = \log \frac{r}{|\zeta|} \qquad si\ N = 2$$

$$h_r(\zeta) = \frac{1}{|\zeta|^{N-2}} - \frac{1}{r^{N-2}} \qquad si\ N \geq 3.$$

Lemme 1. *Soit S_N la sphère unité dans $\mathbb{R}^N$. Pour tous $\zeta \in \mathbb{R}^N$ et $x \in S_N$, on a: $h_1(rx) = -h_r(x)$ et $h_r(\zeta) = h_1(\zeta) + h_r(x) = h_1(\zeta) - h(r)$.*

Preuve. Laissée au soin du lecteur.

Jusqu'à la fin du paragraphe 2, μ désigne la mesure de Riesz d'une fonction u sous–harmonique dans B_N vérifiant $\mathcal{H}_O$ et ρ désigne la fonction de répartition associée.

Lemme 2. *Pour tous $r \in]0,1[$ et $s \in]0,1[$, on a les formules suivantes:*

$$(1) \qquad \int_{|\zeta| \leq s} h_r(\zeta)\, d\mu(\zeta) \leq \int_{|\zeta| \leq r} h_r(\zeta)\, d\mu(\zeta)$$

et avec $\tau_N = \max(1, N-2)$:

$$(2) \qquad \tau_N \int_0^r \frac{\rho(t)}{t^{N-1}}\, dt = \int_{|\zeta| \leq r} h_r(\zeta)\, d\mu(\zeta).$$

Preuve. Quand $s \leq r$, (1) est immédiate puisque $h_r(\zeta) \geq 0$ si $|\zeta| \leq r$. Quand $s > r$, l'inégalité (1) découle de: $h_r(\zeta) \leq 0$ pour $r \leq |\zeta| \leq s$. Le théorème de Fubini conduit à (2) puisque $h_r(\zeta) = \int_{|\zeta|}^r \frac{\tau_N}{t^{N-1}} dt$.

Formule de Jensen–Privalov (voir [45, p.44] et [29, p.29]). *Soit $d\sigma$ l'élément d'aire sur S_N et $\sigma_N = \int_{S_N} d\sigma = \frac{2\,\pi^{N/2}}{\Gamma(N/2)}$. Alors, pour tout $r \in]0,1[$:*

$$\frac{1}{\sigma_N} \int_{S_N} u(rx)\, d\sigma_x = \tau_N \int_0^r \frac{\rho(t)}{t^{N-1}}\, dt + u(O).$$

Lemme 3. *Supposons $\lim\limits_{\substack{s \to 1 \\ s < 1}} \rho(s) = +\infty$. Pour tout $n \in \mathbb{N}$, soit*

$$s_n = \inf\{s \in]0,1[: \rho(s) \geq n\}.$$

La suite croissante $(s_n)_n$ a pour limite 1. Si $s_n < s_{n+1}$ alors $\rho(s_n) < n+1$, il y a une infinité de tels indices n.
Il existe une décomposition $\mu = \mu_1 + \mu_2 + \ldots + \mu_n + \ldots$ où les mesures positives μ_k satisfont:

$$\int_{B_N} d\mu_k(\zeta) = \int_{s_{k-1} \leq |\zeta| \leq s_k} d\mu_k(\zeta) = 1.$$

Preuve. Si $s_n < s_{n+1}$ se produisait seulement pour un nombre fini d'indices n, il existerait $n_0 \in I\!N$ tel que $s_k = s_{n_0}$ $\forall k \geq n_0$. Ceci est impossible puisque la mesure $d\mu$ est finie sur les sous–ensembles compacts de B_N (voir [29, p.81]). Pour la même raison,

$$\lim_{n \to +\infty} s_n = 1.$$

Pour tous $0 < t < s < 1$, soient I_t et $I_{t,s}$ définis dans B_N par:

$$I_t(\zeta) = \left\{ \begin{array}{l} 1 \text{ si } |\zeta| = t \\ 0 \text{ sinon} \end{array} \right. \qquad\qquad I_{t,s}(\zeta) = \left\{ \begin{array}{l} 1 \text{ si } t < |\zeta| < s \\ 0 \text{ sinon} \end{array} \right.$$

Pour tout $s \in]0, 1[$, soit

$$\pi(s) = \int_{|\zeta|=s} d\mu(\zeta) \qquad \text{et} \qquad \rho^-(s) = \rho(s) - \pi(s).$$

Pour chaque $n \in I\!N$, soit $c_n = 0$ si la fonction $s \mapsto \rho(s)$ est continue au point s_n, et $c_n = \frac{\mu(s_n)-n}{\pi(s_n)}$ si cette fonction est discontinue en s_n. Remarquons que $1 - c_n = \frac{n-\rho^-(s_n)}{\pi(s_n)}$ en cas de discontinuité en s_n. Les mesures μ_k sont définies de la façon suivante:

$$d\mu_k = \left(c_{k-1} I_{s_{k-1}} + I_{s_{k-1}, s_k} + (1-c_k) I_{s_k} \right) d\mu \qquad\qquad \text{si } s_{k-1} < s_k$$

et

$$d\mu_k = \frac{1}{\pi(s_k)} I_{s_k} d\mu \qquad\qquad \text{si } s_{k-1} = s_k.$$

Si $s_{k-1} < s_k = s_{k+1} = \ldots = s_{k+l} < s_{k+l+1}$, alors $\rho^-(s_k) \leq k < k+l \leq \rho(s_k)$ et il est facile de contrôler que

$$(1 - c_k) + \sum_{j=k+1}^{k+l} \frac{1}{\pi(s_j)} + c_{k+l} = 1,$$

si bien que

$$(1 - c_k) I_{s_k} + \sum_{j=k+1}^{k+l} \frac{1}{\pi(s_j)} I_{s_j} + c_{k+l} I_{s_{k+l}} = I_{s_k}.$$

37

3. Estimations de la mesure de Riesz : le cas de $SH(\gamma, A, B)$.

Théorème 1. *Étant donnée $u \in SH(\gamma, A, B)$, sa mesure de Riesz μ et sa fonction de répartition ρ satisfont pour tout $s \in [0, 1[$:*

$$\int_{|\zeta| \leq s} h_1(\zeta)\, d\mu(\zeta) \leq A + B(\gamma + 1)\left(\frac{\rho(s)}{B\gamma}\right)^{\frac{\gamma}{\gamma+1}}.$$

Par exemple:

$$\int_{|\zeta| \leq s} \log \frac{1}{|\zeta|}\, d\mu(\zeta) \leq A + B(\gamma + 1)\left(\frac{\rho(s)}{B\gamma}\right)^{\frac{\gamma}{\gamma+1}} \qquad \text{quand } N = 2\,,$$

$$\int_{|\zeta| \leq s} \frac{1}{|\zeta|^{N-2}}\, d\mu(\zeta) \leq A + B(\gamma + 1)\left(\frac{\rho(s)}{B\gamma}\right)^{\frac{\gamma}{\gamma+1}} + \rho(s) \qquad \text{quand } N \geq 3.$$

Preuve. Pour tous r et $s \in]0, 1[$, il découle du Lemme 2 et de la formule de Jensen–Privalov que:

$$\int_{|\zeta| \leq s} h_r(\zeta)\, d\mu(\zeta) \leq \frac{1}{\sigma_N} \int_{S_N} u(rx)\, d\sigma_x.$$

Or $u(rx) \leq A + B\,[h(r)]^{-\gamma}$ et $h_r(\zeta) = h_1(\zeta) - h(r)$ d'après le Lemme 1. Ceci conduit à:

$$\int_{|\zeta| \leq s} h_1(\zeta)\, d\mu(\zeta) \leq A + B\,[h(r)]^{-\gamma} + \rho(s)\, h(r) := \varphi(r)$$

avec s considéré constant. Comme

$$\varphi'(r) = \left[\rho(s) - B\gamma\,[h(r)]^{-\gamma-1}\right] h'(r) \quad \text{et} \quad h'(r) = -\frac{\tau_N}{r^{N-1}} < 0 \quad \forall r,$$

le minimum de φ est atteint quand

$$h(r) = \left(\frac{\rho(s)}{B\gamma}\right)^{\frac{-1}{\gamma+1}}.$$

On en déduit que:

$$\int_{|\zeta|\leq s} h_1(\zeta)\, d\mu(\zeta) \leq A + B\left(\frac{\rho(s)}{B\gamma}\right)^{\frac{\gamma}{\gamma+1}} + B\gamma\left(\frac{\rho(s)}{B\gamma}\right)^{1-\frac{1}{\gamma+1}}.$$

Corollaire 1. *La fonction de répartition ρ associée à la mesure de Riesz μ d'une fonction $u \in SH(\gamma, A, B)$ a la croissance suivante sur $]0,1[$:*

$$(3)\qquad \rho(s) \leq \left(\frac{\gamma+1}{\gamma}\right)^{\gamma+1} B\gamma \left(\frac{1}{h(s)}\right)^{\gamma+1}\left[1 + \frac{A}{B(\gamma+1)}\left(\frac{B\gamma}{\rho(s)}\right)^{\frac{\gamma}{\gamma+1}}\right]^{\gamma+1} \quad \forall s.$$

Cette inégalité est équivalente à:

$$(4)\qquad h(s) \leq \frac{A}{\rho(s)} + (1+\gamma^{-1})\left(\frac{B\gamma}{\rho(s)}\right)^{\frac{1}{\gamma+1}} \qquad \forall s \in]0,1[.$$

Remarque. Comme u est harmonique au voisinage de O, il existe $0 < \eta < 1$ tel que $\rho(s) = 0\ \forall s \in [0,\eta[$ et $\rho(s) > 0\ \forall s \in]\eta, 1[$. Le membre à droite d'inégalités telles que (3) et (4) doit être compris comme $+\infty$ quand $\rho(s) = 0$. La même convention est valable dans tout le chapitre.

Preuve du Corollaire 1. Comme h est décroissante sur $]0,1[$, on a $h_1(\zeta) = h(|\zeta|) \geq h(s)$ pour $|\zeta| \leq s$, donc

$$h(s)\,\rho(s) \leq \int_{|\zeta|\leq s} h_1(\zeta)\, d\mu(\zeta).$$

Le Théorème 1 fournit ainsi:

$$h(s)\,\rho(s) \leq A + B\gamma(1+\gamma^{-1})\left(\frac{B\gamma}{\rho(s)}\right)^{-\frac{\gamma}{\gamma+1}},$$

d'où

$$h(s) \leq \frac{A}{\rho(s)} + (1+\gamma^{-1})\left(\frac{B\gamma}{\rho(s)}\right)^{1-\frac{\gamma}{\gamma+1}}$$

et (4) en découle. Une factorisation transforme (4) en:

$$h(s) \leq \frac{\gamma+1}{\gamma}\left(\frac{B\gamma}{\rho(s)}\right)^{\frac{1}{\gamma+1}}\left[1+\frac{A}{\rho(s)}\frac{\gamma}{\gamma+1}\left(\frac{B\gamma}{\rho(s)}\right)^{-\frac{1}{\gamma+1}}\right]$$

$$= \frac{\gamma+1}{\gamma}\left(\frac{B\gamma}{\rho(s)}\right)^{\frac{1}{\gamma+1}}\left[1+\frac{A}{B(\gamma+1)}\left(\frac{B\gamma}{\rho(s)}\right)^{1-\frac{1}{\gamma+1}}\right]$$

ce qui donne accès à (3).

Théorème 2. *Étant donnée* $u \in SH(\gamma, A, B)$ *avec* $A > 0$, *soient* μ *sa mesure de Riesz et* ρ *la fonction de répartition associée. L'ensemble des* $s \in]0, 1[$ *tels que:*

$$\rho(s) < B\gamma\left(\frac{1}{h(s)}\right)^{\gamma+1}\left[1+\frac{A}{B(\gamma+1)}\left(\frac{B\gamma}{\rho(s)}\right)^{\frac{\gamma}{\gamma+1}}\right]^{\gamma+1}$$

a la valeur 1 dans son adhérence. L'inégalité précédente est équivalente à:

$$h(s) < \frac{\gamma}{\gamma+1}\frac{A}{\rho(s)}+\left(\frac{B\gamma}{\rho(s)}\right)^{\frac{1}{\gamma+1}}.$$

Pour la preuve du Théorème 2, on supposera

$$\lim_{\substack{s\to 1\\s<1}}\rho(s) = +\infty$$

(sinon, le Théorème 2 est immédiat). Quand la fonction $s \mapsto \rho(s)$ est continue (au moins sur un certain intervalle $[a, 1[$ avec $0 \leq a < 1$), il y a une preuve directe, immédiatement ci–dessous. La preuve dans le cas général nécessite au préalable une reformulation du Théorème 2: voir la Proposition 1 énoncée un peu plus loin.

Preuve du Théorème 2 dans le cas d'une fonction de répartition continue.
Supposons qu'il existe $a_0 \in]0, 1[$ tel que:

$$h(s) \geq \frac{\gamma A}{\gamma+1}\frac{1}{\rho(s)}+\left(\frac{B\gamma}{\rho(s)}\right)^{\frac{1}{\gamma+1}} \qquad \forall s \in [a_0, 1[$$

a_0 peut être choisi de manière à avoir $s \mapsto \rho(s)$ continue dans un voisinage de $[a_0, 1[$. Alors, pour tout $s \in [a_0, 1[$ on aura:

$$\int_{|\zeta| \leq s} h_1(\zeta)\, d\mu(\zeta) \;\geq\; \int_{a_0 \leq |\zeta| \leq s} h(|\zeta|)\, d\mu(\zeta)$$

$$\geq \int_{a_0 \leq |\zeta| \leq s} \left(\frac{\gamma A}{\gamma + 1} \frac{1}{\rho(|\zeta|)} + \left(\frac{B\gamma}{\rho(|\zeta|)} \right)^{\frac{1}{\gamma+1}} \right) d\mu(\zeta)$$

$$= \int_{\rho(a_0)}^{\rho(s)} \left(\frac{\gamma A}{\gamma + 1} \frac{1}{t} + \left(\frac{B\gamma}{t} \right)^{\frac{1}{\gamma+1}} \right) d\nu(t)$$

en appliquant le théorème du transfert (voir [48, p.80]) avec $\nu = \Phi * \mu = \mu \circ \Phi^{-1}$ la mesure image de μ sous l'application mesurable $\Phi : B_N \to [0, +\infty[$ définie par $\Phi(\zeta) = \rho(|\zeta|)$. Or, la continuité de $s \mapsto \rho(s)$ sur un voisinage de $[a_0, 1[$ implique que $\nu(I) = c - b$ pour tout intervalle I avec bornes b et c ($c \geq b \geq \rho(a_0)$). La dernière intégrale est ainsi égale à:

$$\int_{\rho(a_0)}^{\rho(s)} \left(\frac{\gamma A}{\gamma + 1} \frac{1}{t} + \left(\frac{B\gamma}{t} \right)^{\frac{1}{\gamma+1}} \right) dt$$

$$= \frac{\gamma A}{\gamma + 1} \Big[\ln t \Big]_{\rho(a_0)}^{\rho(s)} + \left[\frac{B\gamma}{1 - \frac{1}{\gamma+1}} \left(\frac{t}{B\gamma} \right)^{1 - \frac{1}{\gamma+1}} \right]_{\rho(a_0)}^{\rho(s)}$$

$$= \frac{\gamma A}{\gamma + 1} \ln \rho(s) + B(\gamma + 1) \left(\frac{\rho(s)}{B\gamma} \right)^{\frac{\gamma}{\gamma+1}} + K(a_0)$$

où la constante $K(a_0)$ représente $-\frac{\gamma A}{\gamma+1} \ln \rho(a_0) - B(\gamma+1) \left(\frac{\rho(a_0)}{B\gamma} \right)^{\frac{\gamma}{\gamma+1}}$. La majoration de

$$\int_{|\zeta| \leq s} h_1(\zeta)\, d\mu(\zeta)$$

d'après le Théorème 1 conduit pour tout $s \in [a_0, 1[$ à: $\frac{\gamma A}{\gamma+1} \ln \rho(s) + K(a_0) \leq A$ et une contradiction surgit quand $s \to 1$.

Proposition 1. *Soit* $(s_n)_{n \in \mathbb{N}^*}$ *définie comme dans le Lemme 3, avec* μ *la mesure de Riesz d'une fonction dans* $SH(\gamma, A, B)$ *avec* $A > 0$. *Il existe une infinité d'entiers* $n \in \mathbb{N}^*$ *pour lesquels on ait:*

$$h(s_n) < \frac{\gamma}{\gamma + 1} \frac{A}{n} + \left(\frac{B\gamma}{n} \right)^{\frac{1}{\gamma+1}}.$$

Preuve de la Proposition 1. Supposons qu'il existe $m \in I\!N^*$ tel que

$$h(s_n) \geq \frac{\gamma}{\gamma+1}\frac{A}{n} + \left(\frac{B\gamma}{n}\right)^{\frac{1}{\gamma+1}} \qquad\qquad \forall n \geq m.$$

Puisque $h_1(\zeta) = h(|\zeta|) \geq h(s_k) > 0$ pour $|\zeta| \leq s_k$, on obtient d'une part:

$$\int_{s_m \leq |\zeta| \leq s_n} h_1(\zeta)\, d\mu(\zeta) \geq \sum_{k=m+1}^{n} \int_{s_{k-1} \leq |\zeta| \leq s_k} h_1(\zeta)\, d\mu_k(\zeta)$$

$$\geq \sum_{k=m+1}^{n} h(s_k)$$

$$\geq \sum_{k=m+1}^{n} \left(\frac{\gamma}{\gamma+1}\frac{A}{k} + \left(\frac{B\gamma}{k}\right)^{\frac{1}{\gamma+1}}\right)$$

$$\geq \int_{m+1}^{n+1} \left(\frac{\gamma}{\gamma+1}\frac{A}{t} + \left(\frac{B\gamma}{t}\right)^{\frac{1}{\gamma+1}}\right) dt$$

$$= \frac{\gamma A}{\gamma+1}\Big[\ln t\Big]_{m+1}^{n+1} + (B\gamma)^{\frac{1}{\gamma+1}}\left[\frac{t^{1-\frac{1}{\gamma+1}}}{1-\frac{1}{\gamma+1}}\right]_{m+1}^{n+1}$$

$$= \frac{\gamma A}{\gamma+1}\,\ln(n+1) + \frac{\gamma+1}{\gamma}\,(B\gamma)^{\frac{1}{\gamma+1}}\,(n+1)^{\frac{\gamma}{\gamma+1}} + K_m$$

pour tout $n > m$, la constante K_m étant indépendante de n. Notons que le second terme vaut:

$$B\frac{\gamma+1}{B\gamma}\left(\frac{1}{B\gamma}\right)^{\frac{-1}{\gamma+1}}(n+1)^{\frac{\gamma}{\gamma+1}} = B(\gamma+1)\left(\frac{n+1}{B\gamma}\right)^{\frac{\gamma}{\gamma+1}}.$$

D'autre part, le Théorème 1 fournit pour tout $n > m$:

$$\int_{s_m \leq |\zeta| \leq s_n} h_1(\zeta)\, d\mu(\zeta) \leq \int_{|\zeta| \leq s_n} h_1(\zeta)\, d\mu(\zeta) \leq A + B(\gamma+1)\left(\frac{\rho(s_n)}{B\gamma}\right)^{\frac{\gamma}{\gamma+1}}$$

Pour les entiers $n > m$ tels que $s_n < s_{n+1}$, il apparaît que:

$$\int_{s_m \leq |\zeta| \leq s_n} h_1(\zeta)\, d\mu(\zeta) \leq A + B(\gamma+1)\left(\frac{n+1}{B\gamma}\right)^{\frac{\gamma}{\gamma+1}}$$

Donc $\dfrac{\gamma A}{\gamma + 1} \ln(n+1) + K_m \leq A$. En faisant tendre $n \to +\infty$, une contradiction découle du fait qu'il y a une infinité de n tels que $s_n < s_{n+1}$.

Preuve du Théorème 2 dans le cas général.
La fonction h est décroissante et continue sur $]0,1[$. Donc, pour chaque entier $n \in I\!\!N^*$ satisfaisant

$$h(s_n) < \frac{\gamma}{\gamma+1}\frac{A}{n} + \left(\frac{B\gamma}{n}\right)^{\frac{1}{\gamma+1}},$$

il existe un intervalle ouvert $I_n \neq \emptyset$, de borne supérieure s_n, où:

$$h(s_n) < h(s) < \frac{\gamma}{\gamma+1}\frac{A}{n} + \left(\frac{B\gamma}{n}\right)^{\frac{1}{\gamma+1}} \qquad \forall s \in I_n.$$

La fonction

$$t \mapsto \frac{\gamma}{\gamma+1}\frac{A}{t} + \left(\frac{B\gamma}{t}\right)^{\frac{1}{\gamma+1}}$$

est décroissante sur $]0, +\infty[$. Puisque $\rho(s) < n \ \forall s < s_n$, on obtient:

$$h(s) < \frac{\gamma}{\gamma+1}\frac{A}{\rho(s)} + \left(\frac{B\gamma}{\rho(s)}\right)^{\frac{1}{\gamma+1}} \qquad \forall s \in I_n.$$

Comme s_n tend vers 1 quand $n \to +\infty$, le Théorème 2 en résulte.

Conclusion. *La fonction de répartition ρ d'une fonction $u \in SH(\gamma, B)$ vérifie :*

$$\limsup_{s \to 1^-} \rho(s)\,[h(s)]^{\gamma+1} \leq B\gamma\left(\frac{\gamma+1}{\gamma}\right)^{\gamma+1} \qquad \text{et} \qquad \liminf_{s \to 1^-} \rho(s)\,[h(s)]^{\gamma+1} \leq B\gamma.$$

4. Estimations de la mesure de Riesz: le cas de $sh(A, B)$.

Théorème 3. *Étant donnée $u \in sh(A, B)$, sa mesure de Riesz μ et la fonction de répartition ρ associée satisfont pour tout $s \in [0, 1[$:*

$$\int_{|\zeta| \leq s} h_1(\zeta)\,d\mu(\zeta) \leq \begin{cases} A + B + B \log \dfrac{\rho(s)+B}{B} & \text{si } N = 2 \\[2mm] A + \rho(s) \displaystyle\sum_{j=1}^{N-2} \binom{N-1}{j} \left(\dfrac{B}{\rho(s)}\right)^{\frac{j}{N-1}} & \text{si } N \geq 3 \end{cases}$$

43

Preuve. Pour tous r et $s \in]0,1[$, on obtient comme dans la preuve du Théorème 1:

$$\int_{|\zeta| \leq s} h_1(\zeta)\, d\mu(\zeta) \leq A + B\, h(1-r) + \rho(s)\, h(r) := \psi(r)$$

avec s considéré constant. Or $\psi'(r) = B\, \frac{r_N}{(1-r)^{N-1}} - \rho(s)\, \frac{r_N}{r^{N-1}}$, si bien que $\psi(r)$ est minimal pour la valeur de r qui satisfait: $\frac{\rho(s)}{B} = \frac{r^{N-1}}{(1-r)^{N-1}}$, c'est–à–dire: $\frac{1}{r} = 1 + \left(\frac{B}{\rho(s)}\right)^{\frac{1}{N-1}}$ ou, de façon équivalente: $\frac{1}{1-r} = 1 + \left(\frac{\rho(s)}{B}\right)^{\frac{1}{N-1}}$.

Si $N = 2$, alors

$$B\, h(1-r) + \rho(s)\, h(r) = B \log \frac{\rho(s) + B}{B} + \rho(s) \log \frac{\rho(s) + B}{\rho(s)}.$$

Or $\log\left(1 + \frac{B}{\rho(s)}\right) \leq \frac{B}{\rho(s)}$. La formule annoncée s'en déduit.

Si $N \geq 3$, alors

$$B\, h(1-r) + \rho(s)\, h(r)$$
$$= B\, \frac{\left(B^{\frac{1}{N-1}} + \rho(s)^{\frac{1}{N-1}}\right)^{N-2}}{B^{\frac{N-2}{N-1}}} + \rho(s)\, \frac{\left(B^{\frac{1}{N-1}} + \rho(s)^{\frac{1}{N-1}}\right)^{N-2}}{\rho(s)^{\frac{N-2}{N-1}}} - [B + \rho(s)]$$
$$= \left(B^{\frac{1}{N-1}} + \rho(s)^{\frac{1}{N-1}}\right)^{N-1} - [B + \rho(s)]$$
$$= \sum_{j=1}^{N-2} \binom{N-1}{j} \rho(s)^{\frac{N-1-j}{N-1}}\, B^{\frac{j}{N-1}}$$

Corollaire 2. *Étant donnée $u \in sh(A,B)$, la fonction de répartition ρ de sa mesure de Riesz μ a la croissance suivante sur $]0,1[$:*

$$\frac{\rho(s)}{\log[B + \rho(s)]} \leq \frac{1}{h(s)} \left[B + \frac{A + B - B \log B}{\log[B + \rho(s)]}\right] \qquad \text{pour } N = 2,$$

et, pour $N \geq 3$:

$$\rho(s) \leq B\left(\frac{1}{h(s)}\right)^{N-1} \left[\sum_{j=1}^{N-2} \binom{N-1}{j} \left(\frac{B}{\rho(s)}\right)^{\frac{j-1}{N-1}} + \frac{A}{B} \left(\frac{B}{\rho(s)}\right)^{\frac{N-2}{N-1}}\right]^{N-1}.$$

Preuve. Cette estimation se déduit de:

$$\int_{|\zeta| \le s} h_1(\zeta)\, d\mu(\zeta) \ge h(s)\, \rho(s).$$

Quand $N \ge 3$, le Théorème 3 conduit à:

$$
\begin{aligned}
h(s) &\le \frac{A}{\rho(s)} + \sum_{j=1}^{N-2} \binom{N-1}{j} \left(\frac{B}{\rho(s)} \right)^{\frac{j}{N-1}} \\
&= \left(\frac{B}{\rho(s)} \right)^{\frac{1}{N-1}} \left[N - 1 + \sum_{j=2}^{N-2} \binom{N-1}{j} \left(\frac{B}{\rho(s)} \right)^{\frac{j-1}{N-1}} + \frac{A}{B} \left(\frac{B}{\rho(s)} \right)^{\frac{N-2}{N-1}} \right]
\end{aligned}
$$

Théorème 4. *Soient $N = 2$, $u \in sh(A, B)$ et μ la mesure de Riesz de u, ainsi que ρ la fonction de répartition associée. Alors l'ensemble*

$$\left\{ s \in]0, 1[: \rho(s) + B < \frac{1}{h(s)} \left[B + \frac{A + B - B \log B}{\log[B + \rho(s)]} \right] \right\}$$

a la valeur 1 dans son adhérence, pourvu que $A + B - B \log B > 0$.

Pour la preuve, il est admis que

$$\lim_{\substack{s \to 1 \\ s < 1}} \rho(s) = +\infty,$$

ce qui ne restreint pas la généralité. La preuve directe, quand $s \mapsto \rho(s)$ est continue (au moins sur un intervalle $[a, 1[$) est donnée juste ci–dessous. La preuve dans le cas général suivra la Proposition 2. Jusqu'à la fin du paragraphe 4, on note $D = A + B - B \log B$.

Preuve du Théorème 4 dans le cas d'une la fonction de répartition continue. Supposons qu'il existe $a_0 \in]0, 1[$ tel que $s \mapsto \rho(s)$ soit continue sur un voisinage de $[a_0, 1[$ et que:

$$h(s) \ge \frac{1}{\rho(s) + B} \left[B + \frac{D}{\log[B + \rho(s)]} \right] \qquad \forall s \in [a_0, 1[.$$

Alors, pour tout $s \in [a_0, 1[$ on aura:

$$\int_{|\zeta| \leq s} h_1(\zeta) \, d\mu(\zeta) \geq \int_{a_0 \leq |\zeta| \leq s} \left[B + \frac{D}{\log[B + \rho(|\zeta|)]} \right] \frac{d\mu(\zeta)}{B + \rho(|\zeta|)}$$

$$= \int_{\rho(a_0)}^{\rho(s)} \left[B + \frac{D}{\log(B + t)} \right] \frac{d\nu(t)}{B + t}$$

où la mesure $\nu = \mu \circ \Phi^{-1}$ est définie comme dans la preuve du Théorème 2. Cette intégrale devient:

$$\int_{\rho(a_0)}^{\rho(s)} \left[B + \frac{D}{\log(B + t)} \right] \frac{dt}{B + t} = B \log[B + \rho(s)] + D \log\log[B + \rho(s)] + C_0$$

où la constante C_0 est indépendante de s. On a: $D \log\log[B + \rho(s)] + C_0 \leq D$ (d'après le Théorème 3) d'où une contradiction quand $s \to 1$, puisque $D > 0$.

Proposition 2. *Soient* $(s_n)_{n \in I\!N}$ *définie comme dans le Lemme 3 (avec $N = 2$) et μ la mesure de Riesz d'une fonction dans $sh(A, B)$ où $A + B - B \log B > 0$. Il existe une infinité d'entiers $n \in I\!N$ tels que*

$$(5) \qquad h(s_n) < \frac{1}{B + n} \left[B + \frac{A + B - B \log B}{\log(B + n)} \right].$$

Preuve de la Proposition 2. Supposons qu'il existe $m \in I\!N$ tel que

$$h(s_n) \geq \frac{1}{B + n} \left[B + \frac{D}{\log(B + n)} \right] \qquad \forall n \geq m.$$

Alors, comme dans la preuve de la Proposition 1:

$$\int_{s_m \leq |\zeta| \leq s_n} h_1(\zeta) \, d\mu(\zeta) \geq \sum_{k=m+1}^{n} \frac{1}{B + k} \left[B + \frac{D}{\log(B + k)} \right]$$

$$\geq \int_{m+1}^{n+1} \left[B + \frac{D}{\log(t + B)} \right] \frac{dt}{t + B}$$

$$= B \log(n + 1 + B) + D \log\log(n + 1 + B) + C_m$$

avec une constante C_m indépendante de n. Le Théorème 3 assure que:

$$\int_{s_m \leq |\zeta| \leq s_n} h_1(\zeta)\, d\mu(\zeta) \leq A + B + B \log \frac{n + 1 + B}{B}$$

pour les entiers $n > m$ satisfaisant $s_n < s_{n+1}$, donc:

$$D \log \log(n + 1 + B) + C_m \leq D.$$

Ceci se produit pour une infinité d'entiers $n \in I\!N$ d'où une contradiction, puisque $D > 0$.

Preuve du Théorème 4 dans le cas général.
Pour chaque $n \in I\!N$ satisfaisant (5), il existe un intervalle ouvert non-vide J_n de borne supérieure s_n tel que:

$$h(s_n) < h(s) < \frac{1}{B + n}\left[B + \frac{D}{\log(B + n)}\right] \qquad \forall s \in J_n.$$

Ainsi

$$h(s) < \frac{1}{B + \rho(s)}\left[B + \frac{D}{\log[B + \rho(s)]}\right] \qquad \forall s \in J_n.$$

Théorème 5. *Soient $N \geq 3$, $u \in sh(A, B)$ avec $A > 0$, μ sa mesure de Riesz et ρ sa fonction de répartition. Alors la valeur 1 appartient à l'adhérence de l'ensemble des $s \in\,]0, 1[$ satisfaisant:*

$$\rho(s) < B\left(\frac{1}{h(s)}\right)^{N-1}\left[\sum_{j=1}^{N-2}\binom{N-2}{j}\left(\frac{B}{\rho(s)}\right)^{\frac{j-1}{N-1}} + \frac{A}{B}\left(\frac{B}{\rho(s)}\right)^{\frac{N-2}{N-1}}\right]^{N-1}.$$

Cette inégalité est équivalente à:

$$h(s) < \sum_{j=1}^{N-2}\binom{N-2}{j}\left(\frac{B}{\rho(s)}\right)^{\frac{j}{N-1}} + \frac{A}{\rho(s)}.$$

Immédiatement ci-dessous, la preuve quand $s \mapsto \rho(s)$ est continue au moins sur un intervalle $[a, 1[$. La preuve dans le cas général suivra la Proposition 3. On suppose toujours que $\lim_{\substack{s \to 1 \\ s < 1}} \rho(s) = +\infty$.

47

Preuve du Théorème 5 dans le cas d'une fonction de répartition continue.
Supposons qu'il existe $a_0 \in]0,1[$ tel que $s \mapsto \rho(s)$ soit continue sur un voisinage de $[a_0, 1[$ et que:

$$h(s) \geq \sum_{j=1}^{N-2} \binom{N-2}{j} \left(\frac{B}{\rho(s)}\right)^{\frac{j}{N-1}} + \frac{A}{\rho(s)} \qquad \forall s \in [a_0, 1[.$$

Pour tout $s \in [a_0, 1[$, on aurait alors:

$$\int_{|\zeta| \leq s} h_1(\zeta)\, d\mu(\zeta) \geq \int_{a_0 \leq |\zeta| \leq s} \left[\frac{A}{\rho(|\zeta|)} + \sum_{j=1}^{N-2} \binom{N-2}{j} \left(\frac{B}{\rho(|\zeta|)}\right)^{\frac{j}{N-1}}\right] d\mu(\zeta)$$

$$= \int_{\rho(a_0)}^{\rho(s)} \left[\frac{A}{t} + \sum_{j=1}^{N-2} \binom{N-2}{j} \left(\frac{B}{t}\right)^{\frac{j}{N-1}}\right] d\nu(t)$$

d'après le théorème du transfert comme dans la preuve du Théorème 2. Dans la dernière intégrale, $d\nu(t)$ peut être remplacé par dt. Or:

$$\int_{\rho(a_0)}^{\rho(s)} \binom{N-2}{j} \left(\frac{B}{t}\right)^{\frac{j}{N-1}} dt = \binom{N-2}{j} B^{\frac{j}{N-1}} \frac{N-1}{N-1-j} \left[t^{1-\frac{j}{N-1}}\right]_{\rho(a_0)}^{\rho(s)}$$

et $\binom{N-2}{j} \frac{N-1}{N-1-j} = \binom{N-1}{j}$ $\forall j \in \{1, 2, ..., N-2\}$, si bien que:

$$\int_{|\zeta| \leq s} h_1(\zeta)\, d\mu(\zeta) \geq A \log \rho(s) + \rho(s) \sum_{j=1}^{N-2} \binom{N-1}{j} \left(\frac{B}{\rho(s)}\right)^{\frac{j}{N-1}} + C(a_0)$$

avec une constante $C(a_0)$ indépendante de s. Pour le membre de gauche dans l'inégalité ci–dessus, une majoration est connue par le Théorème 3, d'où: $A \log \rho(s) + C(a_0) \leq A$ pour tout $s \in [a_0, 1[$. Une contradiction survient alors quand $s \to 1$, puisque $A > 0$.

Proposition 3. *Soient $(s_n)_{n \in \mathbb{N}^*}$ définie comme dans le Lemme 3 (avec $N \geq 3$) et μ la mesure de Riesz d'une fonction dans $sh(A, B)$ avec $A > 0$. Il existe une infinité d'indices $n \in \mathbb{N}^*$ tels que*

$$(6) \qquad h(s_n) < \frac{A}{n} + \sum_{j=1}^{N-2} \binom{N-2}{j} \left(\frac{B}{n}\right)^{\frac{j}{N-1}}.$$

Preuve de la Proposition 3. Supposons qu'il existe $m \in I\!N^*$ tel que

$$h(s_n) \geq \frac{A}{n} + \sum_{j=1}^{N-2} \binom{N-2}{j} \left(\frac{B}{n}\right)^{\frac{j}{N-1}} \qquad \forall n \geq m.$$

Comme dans la démonstration de la Proposition 1, les mesures μ_k du Lemme 3 fournissent pour tout $n \geq m$:

$$\int_{s_m \leq |\zeta| \leq s_n} h_1(\zeta)\, d\mu(\zeta)$$

$$\geq \sum_{k=m+1}^{n} \left[\frac{A}{k} + \sum_{j=1}^{N-2} \binom{N-2}{j} \left(\frac{B}{k}\right)^{\frac{j}{N-1}} \right]$$

$$\geq \int_{m+1}^{n+1} \left[\frac{A}{t} + \sum_{j=1}^{N-2} \binom{N-2}{j} \left(\frac{B}{t}\right)^{\frac{j}{N-1}} \right] dt$$

$$= A \log(n+1) + \sum_{j=1}^{N-2} \binom{N-2}{j} B^{\frac{j}{N-1}} \frac{N-1}{N-1-j} (n+1)^{1-\frac{j}{N-1}} + C(m)$$

$$= A \log(n+1) + \sum_{j=1}^{N-2} \binom{N-1}{j} B^{\frac{j}{N-1}} (n+1)^{1-\frac{j}{N-1}} + C(m)$$

où la constante $C(m)$ ne dépend pas de n. Pour les indices $n \geq m$ qui vérifient $s_n < s_{n+1}$, on a

$$(n+1)^{1-\frac{j}{N-1}} > [\rho(s_n)]^{1-\frac{j}{N-1}}$$

et la majoration du Théorème 3 conduit à: $A \log(n+1) + C(m) < A$. Ceci se produit pour une infinité d'entiers $n \in I\!N^*$, d'où une contradiction.

Preuve du Théorème 5 dans le cas général.
Pour chaque $n \in I\!N^*$ satisfaisant (6), il existe un intervalle ouvert non–vide H_n (de borne supérieure s_n) tel que:

$$h(s_n) < h(s) < \frac{A}{n} + \sum_{j=1}^{N-2} \binom{N-2}{j} \left(\frac{B}{n}\right)^{\frac{j}{N-1}} \qquad \forall s \in H_n.$$

Donc

$$h(s) < \frac{A}{\rho(s)} + \sum_{j=1}^{N-2} \binom{N-2}{j} \left(\frac{B}{\rho(s)}\right)^{\frac{j}{N-1}} \qquad \forall s \in H_n.$$

Conclusion. *La fonction de répartition ρ d'une fonction $u \in sh(B)$ vérifie pour $N = 2$:*

$$\limsup_{s \to 1^-} \frac{\rho(s)}{\log \rho(s)} \log \frac{1}{s} \leq C \qquad \text{et} \qquad \liminf_{s \to 1^-} \rho(s) \log \frac{1}{s} \leq C,$$

alors que pour $N \geq 3$:

$$\limsup_{s \to 1^-} \rho(s) \left[h(s)\right]^{N-1} \leq C(N-1)^{N-1} \quad \text{et} \quad \liminf_{s \to 1^-} \rho(s) \left[h(s)\right]^{N-1} \leq C(N-2)^{N-1}.$$

5. Somme de deux mesures de Riesz.

Proposition 4. *Étant donnés $B > 0$ et $\gamma > 0$, considérons les fonctions f et g : $[0,1[\to [0,+\infty[$ définies par $f(0) = g(0) = 0$, $f(t) = B[h(t)]^{-\gamma}$ et $g(t) = B\,h(1-t)$ si $0 < t < 1$. Alors les fonctions u et v définies par $u(x) = f(|x|)$ et $v(x) = g(|x|)$ $\forall x \in B_N$ sont sous–harmoniques dans B_N, avec des mesures de Riesz μ_u et μ_v respectivement, dont les fonctions de répartition respectives sont: $\rho_u(s) = B\gamma[h(s)]^{-\gamma-1}$ et $\rho_v(s) = B\left(\frac{1}{s}-1\right)^{1-N}$ (pour $0 < s < 1$) avec $\rho_u(0) = \rho_v(0) = 0$.*

Preuve. Vérifions tout d'abord que: $f'(t) = B\gamma[h(t)]^{-\gamma-1}\frac{\tau_N}{t^{N-1}}$, puis que :

$$f''(t) = B\gamma(\gamma+1)[h(t)]^{-\gamma-2}\left(\frac{\tau_N}{t^{N-1}}\right)^2 - (N-1)B\gamma[h(t)]^{-\gamma-1}\frac{\tau_N}{t^N}$$

et $g'(t) = B\frac{\tau_N}{(1-t)^{N-1}}$, ainsi que $g''(t) = B(N-1)\frac{\tau_N}{(1-t)^N}$.

Or $\Delta u(x) = f''(r) + \frac{N-1}{r}f'(r)$ et $\Delta v(x) = g''(r) + \frac{N-1}{r}g'(r)$ pour $r = |x| \neq 0$ (voir [29, p.26]), on en déduit: $\Delta u(x) = B\gamma(\gamma+1)[h(r)]^{-\gamma-2}\left(\frac{\tau_N}{r^{N-1}}\right)^2$ et

$$\Delta v(x) = B(N-1)\tau_N\left[\frac{1}{(1-r)^N} + \frac{1}{r(1-r)^{N-1}}\right] = B(N-1)\tau_N\frac{1}{r(1-r)^N}.$$

Donc $\Delta u\,dx$ et $\Delta v\,dx$ sont des mesures positives et la sous–harmonicité de u et v en découle (voir [45, pp. 43–44]). Comme

$$d\mu_u = \frac{1}{\theta_N}\Delta u\,dx = \frac{1}{\theta_N}\Delta u\,r^{N-1}\,dr\,d\sigma$$

et

$$d\mu_v = \frac{1}{\theta_N}\Delta v\,dx = \frac{1}{\theta_N}\Delta v\,r^{N-1}\,dr\,d\sigma$$

avec $\theta_N = \tau_N\sigma_N$ (voir [45, p.43]) on obtient pour tout $s \in [0,1[$:

$$\begin{aligned}
\rho_u(s) &= \frac{1}{\tau_N}B\gamma(\gamma+1)\int_0^s [h(r)]^{-\gamma-2}\left(\frac{\tau_N}{r^{N-1}}\right)^2 r^{N-1}\,dr \\
&= B\gamma(\gamma+1)\int_0^s [h(r)]^{-\gamma-2}\frac{\tau_N}{r^{N-1}}\,dr \\
&= B\gamma\left[\frac{1}{h(r)^{\gamma+1}}\right]_{\to 0}^s = \frac{B\gamma}{h(s)^{\gamma+1}}
\end{aligned}$$

ainsi que

$$\begin{aligned}
\rho_v(s) &= B(N-1)\int_0^s \frac{1}{r(1-r)^N}\,r^{N-1}\,dr \\
&= B(N-1)\int_0^s \left(\frac{1}{r}-1\right)^{-N}\frac{dr}{r^2} \\
&= B\left[\left(\frac{1}{r}-1\right)^{-N+1}\right]_{\to 0}^s = B\left(\frac{1}{s}-1\right)^{1-N}.
\end{aligned}$$

Théorème 6. *Étant donnés $\gamma > 0$, $B > 0$ et $0 < B' < 2B$, soient μ_1 et μ_2 les mesures de Riesz de deux fonctions dans $SH(\gamma,B)$. Alors $\mu_1 + \mu_2$ n'est pas nécessairement la mesure de Riesz d'une fonction dans $SH(\gamma,B')$. Le même énoncé reste valable avec $SH(\gamma,B)$ et $SH(\gamma,B')$ remplacés par $sh(B)$ et $sh(B')$ respectivement.*

Preuve. Étant donnés $\varepsilon > 0$ et u, v, μ_u, μ_v, ρ_u, ρ_v comme dans la Proposition 4, les fonctions $u_1 = u_2$ et $v_1 = v_2$ définies par: $u_1(x) = u_2(x) = \max\{0, u(x)-\varepsilon\}$ et $v_1(x) = v_2(x) = \max\{0, v(x)-\varepsilon\}$ $\forall x \in B_N$ sont sous–harmoniques dans B_N (voir [29, p.41]), harmoniques dans un voisinage de O avec $u_i(O) = v_i(O) = 0$, de plus $u_i \in SH(\gamma,B)$ et $v_i \in sh(B)$ $(i = 1, 2)$.

51

Soient $0 < \alpha < 1$ et $0 < \beta < 1$ tel que $f(\alpha) = g(\beta) = \varepsilon$ avec f et g comme dans la Proposition 4.

a) Construisons d'abord le contrexemple avec deux fonctions de $SH(\gamma, B)$.
Les mesures de Riesz μ_1 et μ_2 associées à u_1 et u_2 sont : $\mu_1 = \mu_2 = I_{\alpha,1}\mu_u$, avec $I_{\alpha,1}$ la fonction indicatrice définie dans la preuve du Lemme 3. Leurs fonctions de répartition sont ainsi :

$$\rho_1(s) = \rho_2(s) = \max\{0, \rho_u(s) - \rho_u(\alpha)\} \qquad \forall s \in [0, 1[.$$

Donc $\rho_1(s) + \rho_2(s) = 2B\gamma \left\{ [h(s)]^{-\gamma-1} - [h(\alpha)]^{-\gamma-1} \right\} \; \forall s \in [\alpha, 1[.$
Si $\mu_1 + \mu_2$ était la mesure de Riesz d'une certaine fonction de $SH(\gamma, B')$, on aurait:

$$\liminf_{s \to 1^-} (\rho_1 + \rho_2)(s)\, [h(s)]^{\gamma+1} \leq B'\gamma < 2B\gamma.$$

Mais

$$(\rho_1 + \rho_2)(s)\, [h(s)]^{\gamma+1} = 2B\gamma \left\{ 1 - \left(\frac{h(s)}{h(\alpha)} \right)^{\gamma+1} \right\} \qquad \forall s \in [\alpha, 1[$$

donc

$$\lim_{s \to 1^-} (\rho_1 + \rho_2)(s)\, [h(s)]^{\gamma+1} = 2B\gamma$$

ce qui crée une contradiction.

b) Construisons maintenant le contrexemple avec deux fonctions de $sh(B)$.
Les mesures de Riesz μ_1 et μ_2 associées à v_1 et v_2 sont : $\mu_1 = \mu_2 = I_{\beta,1}\mu_v$.
Leurs fonctions de répartition ρ_1 et ρ_2 sont maintenant exprimées par :

$$\rho_1(s) = \rho_2(s) = \max\{0, \rho_v(s) - \rho_v(\beta)\} \qquad \forall s \in [0, 1[.$$

Donc

$$\rho_1(s) + \rho_2(s) = 2B \left\{ \left(\frac{1}{s} - 1 \right)^{1-N} - \left(\frac{1}{\beta} - 1 \right)^{1-N} \right\} \qquad \forall s \in [\beta, 1[.$$

Si $\mu_1 + \mu_2$ était mesure de Riesz pour une fonction de $sh(B')$, on aurait:

$$\liminf_{s \to 1^-} (\rho_1 + \rho_2)(s)\, [h(s)]^{N-1} \leq B'\, (\tau_N)^{N-1} < 2B\, (\tau_N)^{N-1}.$$

Or on a pour tout $s \in [\beta, 1[$:

$$(\rho_1 + \rho_2)(s)\, [h(s)]^{N-1} = 2B \left\{ \left(\frac{h(s)}{\frac{1}{s} - 1} \right)^{N-1} - [h(s)]^{N-1} \left(\frac{1}{\beta} - 1 \right)^{1-N} \right\}.$$

Quand $N = 2$, on a: $\dfrac{h(s)}{\frac{1}{s} - 1} = \dfrac{\log\left(1 + \frac{1}{s} - 1\right)}{\frac{1}{s} - 1}$ qui tend vers 1 quand $s \to 1$.

Quand $N \geq 3$, on a:

$$\dfrac{\frac{1}{s^{N-2}} - 1}{\frac{1}{s} - 1} = 1 + \frac{1}{s} + \frac{1}{s^2} + ... + \frac{1}{s^{N-3}} \text{ qui tend vers } N - 2 \text{ quand } s \to 1.$$

Finalement: $\displaystyle\lim_{s \to 1^-} (\rho_1 + \rho_2)(s) \left[h(s)\right]^{N-1} = 2B\left(\tau_N\right)^{N-1}$ et on aboutit à une contradiction.

6. Fonctions sous–harmoniques sujettes à une condition de type intégrale à poids.

Théorème 7. *Étant donné ω une fonction $\mathcal{C}^1$ décroissante sur $[0, 1[$ avec $\displaystyle\lim_{t \to 1^-} \omega(t) = 0$, soit u sous–harmonique dans B_N, vérifiant $\mathcal{H}_O$, telle que:*

$$\int_{B_N} u^+(x) \left[-\omega'(|x|^2)\right] dx < +\infty,$$

la fonction sous–harmonique u^+ étant définie par $u^+(x) = \max(u(x), 0)$ pour tout $x \in B_N$. Alors la mesure de Riesz μ de u satisfait:

$$\int_{B_N} h(|\zeta|^{1-\alpha})\, \omega(|\zeta|^{2\alpha})\, d\mu(\zeta) < +\infty$$

pour tout $\alpha \in]0, 1[$.

Preuve. Du Lemme 2 et de la formule de Jensen–Privalov, on déduit que:

$$\int_0^1 \left(\int_{|\zeta| \leq r} h_r(\zeta)\, d\mu(\zeta)\right) \left[-\omega'(r^2)\right] r^{N-1}\, dr < +\infty$$

Donc

$$\int_{|\zeta| < 1} \underbrace{\left(\int_{|\zeta|}^1 h_r(\zeta) \left[-\omega'(r^2)\right] r^{N-1}\, dr\right)}_{:= I(\zeta)} d\mu(\zeta) < +\infty$$

d'après le théorème de Fubini. Or

$$r^{N-2}\, h_r(\zeta) = h\left(\frac{|\zeta|}{r}\right) \qquad \text{et} \qquad \frac{d}{dr}\, h\left(\frac{|\zeta|}{r}\right) = \tau_N\, \frac{r^{N-3}}{|\zeta|^{N-2}}$$

de telle sorte que, après une intégration par parties:

$$2\, I(\zeta) = \underbrace{\left[-r^{N-2}\, h_r(\zeta)\, \omega(r^2)\right]_{r=|\zeta|}^{r\to 1}}_{=0} + \int_{|\zeta|}^{1} \tau_N\, \frac{r^{N-3}}{|\zeta|^{N-2}}\, \omega(r^2)\, dr$$

car $\displaystyle\lim_{r\to 1^-} \omega(r^2) = 0$ et $h_r(\zeta) = 0$ pour $r = |\zeta|$. Comme $|\zeta| \le |\zeta|^\alpha$, on obtient:

$$\int_{|\zeta|}^{1} \omega(r^2)\, r^{N-3}\, dr \ge \int_{|\zeta|}^{|\zeta|^\alpha} \omega(r^2)\, r^{N-3}\, dr \ge \omega(|\zeta|^{2\alpha}) \int_{|\zeta|}^{|\zeta|^\alpha} r^{N-3}\, dr.$$

Quand $N = 2$, on a: $\displaystyle\int_{|\zeta|}^{|\zeta|^\alpha} r^{N-3}\, dr = \Big[\log r\Big]_{|\zeta|}^{|\zeta|^\alpha} = \log \frac{1}{|\zeta|^{1-\alpha}}.$

Quand $N \ge 3$, on a:

$$\frac{1}{|\zeta|^{N-2}} \int_{|\zeta|}^{|\zeta|^\alpha} r^{N-3}\, dr = \frac{1}{|\zeta|^{N-2}} \left[\frac{r^{N-2}}{N-2}\right]_{|\zeta|}^{|\zeta|^\alpha} = \frac{1}{N-2}\left[\frac{1}{|\zeta|^{(N-2)(1-\alpha)}} - 1\right].$$

Finalement: $I(\zeta) \ge \frac{1}{2}\, \omega(|\zeta|^{2\alpha})\, h(|\zeta|^{1-\alpha})$ pour tout $\zeta \in B_N$, $\zeta \ne 0$.

On va traiter maintenant des fonctions sous–harmoniques satisfaisant une condition de type L^1 de la forme suivante: $\int_{B_N} u^+(x)\, \omega(|x|)\, dx < +\infty$. Plus précisément:

Définition 4. *Soit $\alpha \ge \beta \ge 0$ et $\omega : [0,1[\, \to [0,+\infty[$ une fonction intégrable telle que:*

$$c(1-t)^\alpha \le \int_t^1 \omega(r)\, dr < +\infty \qquad \forall t \in [0,1[$$

pour une certaine constante $c > 0$. Soit $SH_\omega(\alpha, \beta)$ l'ensemble de toutes les fonctions sous–harmoniques dans B_N vérifiant l'hypothèse $\mathcal{H}_O$ et telles que:

$$\int_{s \le |x| < 1} u^+(x)\, \omega(|x|)\, dx \le C\,(1-s)^\beta \qquad \forall s \in [0,1[$$

pour une certaine constante $C > 0$.

Remarque. La fonction

$$r \mapsto \frac{1}{\sigma_N r^{N-1}} \int_{S_N} u^+(rx)\, d\sigma_x$$

étant croissante (voir [29, p.64]), il en est donc de même pour

$$I : r \mapsto \int_{S_N} u^+(rx)\, d\sigma_x.$$

D'où:

$$\int_{s \leq |x| < 1} u^+(x)\,\omega(|x|)\, dx \;=\; \int_s^1 I(r)\,\omega(r)\, r^{N-1}\, dr$$

$$\geq \frac{I(1/2)}{2^{N-1}} \int_s^1 \omega(r)\, dr \geq c\, \frac{I(1/2)}{2^{N-1}}\, (1-s)^\alpha$$

pour tout $s \in [\frac{1}{2}, 1[$. Ceci explique pourquoi $\beta \leq \alpha$.

Proposition 5. *Soient $N = 2$, $\omega \equiv 1$ et $\varepsilon > 0$. La fonction u définie ci–dessous appartient à $SH_\omega(1, \beta)$ $\forall \beta \in [0, 1[$:*

$$u(x) = \max\left\{0, \log \frac{1}{1-|x|} - \varepsilon\right\} = u^+(x) \qquad \forall x \in \mathbb{R}^2,\, |x| < 1.$$

Preuve. Voir la Proposition 4 et la preuve du Théorème 6 pour la sous-harmonicité de u. Ici $\int_s^1 \omega(r)\, dr = 1 - s$, donc $\alpha = 1$. De plus:

$$\int_{s \leq |x| < 1} u^+(x)\,\omega(|x|)\, dx \;\leq\; 2\pi \int_s^1 \left(\log \frac{1}{1-r}\right) r\, dr$$

$$\leq 2\pi \int_0^{1-s} \log \frac{1}{t}\, dt$$

$$= 2\pi(1-s) \log \frac{e}{1-s} \qquad \forall s \in [0, 1[.$$

Comme $u^+(x) \geq \frac{1}{2} \log \frac{1}{1-|x|}$ pour $|x| \geq 1 - e^{-2\varepsilon}$, on obtient la formule suivante si $s \geq \max\left\{\frac{1}{2}, 1 - e^{-2\varepsilon}\right\}$:

$$\int_{s \leq |x| < 1} u^+(x)\,\omega(|x|)\, dx \geq \frac{\pi}{2} \int_s^1 \log \frac{1}{1-r}\, dr = \frac{\pi}{2}(1-s) \log \frac{e}{1-s}$$

donc $\beta = 1$ est impossible. Ici, β doit être choisi strictement plus petit que α.

Proposition 6. *Étant donnés α, β et ω comme dans la Définition 4, soit $u \in SH_\omega(\alpha, \beta)$ et μ sa mesure de Riesz. Alors:*

$$(1-s)^{\alpha+1-\beta} \leq \frac{D}{\rho(s)} \qquad \forall s \in [0,1[$$

pour une certaine constante $D > 0$.

Preuve. On déduit de la formule de Jensen–Privalov que:

$$\int_{s \leq |x| < 1} u^+(x)\, \omega(|x|)\, dx \geq \sigma_N \tau_N \int_s^1 \left(\int_s^r \frac{\rho(t)}{t^{N-1}}\, dt \right) \omega(r)\, r^{N-1}\, dr \qquad \forall s \in [0,1[.$$

Puisque $\rho(t) \geq \rho(s)$ et $\left(\frac{r}{t} \right)^{N-1} \geq 1$, ainsi que

$$\int_s^1 \left(\int_s^r dt \right) \omega(r)\, dr \; = \int_s^1 \left(\int_t^1 \omega(r)\, dr \right) dt \geq c \int_s^1 (1-t)^\alpha dt$$

$$= \frac{c}{\alpha+1} \left[-(1-t)^{\alpha+1} \right]_s^1 = \frac{c}{\alpha+1}(1-s)^{\alpha+1},$$

la Proposition 5 en découle, avec $D = \frac{C(\alpha+1)}{c\,\sigma_N \tau_N}$.

Théorème 8. *Étant donnés α, β et ω comme dans la Définition 4, soit $u \in SH_\omega(\alpha, \beta)$. Alors sa mesure de Riesz μ satisfait:*

$$(7) \qquad \int_{B_N} (1 - |\zeta|)^{\alpha-\beta+1} \left(\log \frac{1}{1-|\zeta|} \right)^{-\gamma} d\mu(\zeta) < +\infty$$

pour tout $\gamma > 1$ et n'importe quel $N \geq 2$. Quand $N \geq 3$, alors on a de plus

$$\int_{B_N} [h(1-|\zeta|)]^{-\gamma} d\mu(\zeta) < +\infty \qquad \forall \gamma > \frac{\alpha - \beta + 1}{N - 2}.$$

Preuve. On considère la suite $(s_n)_n$ et les mesures μ_k définies comme dans le Lemme 3. Notons que $\rho(s_n) \geq n \; \forall n \in \mathbb{N}$, puisque la fonction de répartition

56

de μ est continue à droite.

$$\int_{s_1 < |\zeta| < 1} (1 - |\zeta|)^{\alpha - \beta + 1} \left(\log \frac{1}{1 - |\zeta|} \right)^{-\gamma} d\mu(\zeta)$$

$$\leq \sum_{k=1}^{+\infty} \int_{s_k \leq |\zeta| \leq s_{k+1}} (1 - |\zeta|)^{\alpha - \beta + 1} \left(\log \frac{1}{1 - |\zeta|} \right)^{-\gamma} d\mu_{k+1}(\zeta)$$

$$\leq \sum_{k=1}^{+\infty} (1 - s_k)^{\alpha - \beta + 1} \left(\log \frac{1}{1 - s_k} \right)^{-\gamma} \text{ car } t \mapsto \left(\log \frac{1}{t} \right)^{-\gamma} \text{ est croissante}$$

$$\leq \sum_{k=1}^{+\infty} \frac{D}{k} \left(\frac{1}{\alpha - \beta + 1} \log \frac{k}{D} \right)^{-\gamma} \text{ en appliquant la Proposition 5.}$$

On est ainsi conduit à une comparaison avec la série de Bertrand

$$\sum_{k \geq 1} \frac{1}{k (\log k)^\gamma} \qquad \text{convergente car } \gamma > 1.$$

Soit maintenant $N \geq 3$. De façon similaire, $t \mapsto [h(t)]^{-\gamma}$ est croissante, donc:

$$\int_{s_1 < |\zeta| < 1} [h(1 - |\zeta|)]^{-\gamma} d\mu(\zeta) \quad \leq \sum_{k=1}^{+\infty} \int_{s_k \leq |\zeta| \leq s_{k+1}} [h(1 - |\zeta|)]^{-\gamma} d\mu_{k+1}(\zeta)$$

$$\leq \sum_{k=1}^{+\infty} [h(1 - s_k)]^{-\gamma}$$

$$\leq \sum_{k=1}^{+\infty} \frac{1}{\left[\left(\frac{k}{D} \right)^{\frac{N-2}{\alpha - \beta + 1}} - 1 \right]^\gamma}$$

Dès que $\frac{(N-2)\gamma}{\alpha - \beta + 1} > 1$, on est assuré de la convergence de la série de référence:

$$\sum_{k=1}^{+\infty} \frac{1}{k^{\frac{(N-2)\gamma}{\alpha - \beta + 1}}}.$$

Une remarque au sujet du Théorème 8. Pour les fonctions f holomorphes dans le disque unité de $\mathbb{C}$, appartenant à l'espace de Bergman A^p (où $0 < p < +\infty$):

$$\int_{|z| < 1} |f(z)|^p dx \, dy < +\infty \qquad (x = \Re e \, z, \, y = \Im m \, z)$$

57

il a été établi dans [32, p.696] que les zéros $\{z_k\}_{k \in \mathbb{N}}$ de f (en supposant $f(0) \neq 0$) satisfont:

$$\sum_{k \in \mathbb{N}} (1 - |z_k|) \left(\log \frac{1}{1 - |z_k|} \right)^{-\gamma} < +\infty \qquad \forall \gamma > 1.$$

Mais cela ne doit pas nous induire à croire qu'une formule analogue pourrait être valable plus généralement pour les fonctions de $SH_\omega(\alpha, \beta)$ et que $\alpha - \beta + 1$ pourrait être remplacé par 1 dans (7). En guise de contrexemple:

Proposition 7. *Soient $N = 2$, $\omega \equiv 1$, $0 < \delta < 1$, $\varepsilon > 0$ et u définie par:*

$$u(x) = \max \left\{ 0, \left(\log \frac{1}{|x|} \right)^{-\delta} - \varepsilon \right\} = u^+(x) \qquad \forall x \in \mathbb{R}^2 \,, \, |x| < 1.$$

Alors $u \in SH_\omega(1, 1 - \delta)$, mais

$$(8) \qquad \int_{|\zeta| < 1} (1 - |\zeta|) \left(\log \frac{1}{1 - |\zeta|} \right)^{-\gamma} d\mu(\zeta) = +\infty \qquad \forall \gamma \in \mathbb{R}.$$

Preuve. Voir la Proposition 4 et la preuve du Théorème 6 pour la sous-harmonicité de u. Montrons que $u \in SH_\omega(1, 1 - \delta)$:

$$\int_{s \leq |x| < 1} u^+(x)\, dx \quad \leq 2\pi \int_s^1 \left(\log \frac{1}{r} \right)^{-\delta} r\, dr$$

$$\leq 2\pi \int_s^1 \left(\log \frac{1}{r} \right)^{-\delta} dr \qquad \forall s \in [0, 1[.$$

Puisque $\log \frac{1}{r} \sim \frac{1}{r} - 1$ quand $r \to 1$, on sait qu'il existe $r_0 \in]0, 1[$ tel qu'on ait $\log \frac{1}{r} \geq \frac{1}{2} \left(\frac{1}{r} - 1 \right) = \frac{1-r}{2r} \; \forall r \in [r_0, 1[$, donc

$$\left(\log \frac{1}{r} \right)^{-\delta} \leq \left(\frac{1-r}{2r} \right)^{-\delta} = \left(\frac{2r}{1-r} \right)^{\delta} \leq \left(\frac{2}{1-r} \right)^{\delta} \leq \frac{2}{(1-r)^{\delta}}$$

pour $r \in [r_0, 1[$. Pour tout $s \in [r_0, 1[$, on obtient:

$$\int_{s \leq |x| < 1} u^+(x)\, dx \leq 4\pi \int_s^1 \frac{dr}{(1-r)^{\delta}} = \frac{4\pi}{1-\delta} (1-s)^{1-\delta}.$$

Maintenant, montrons (8). Les calculs effectués pour la preuve de la Proposition 4 fournissent la mesure de Riesz μ de u:

$$d\mu = \delta(\delta+1)\,\frac{\tau_N}{\sigma_N}\frac{1}{r}\left(\log\frac{1}{r}\right)^{-\delta-2} I_{r_1,1}\, dr\, d\sigma$$

avec $r_1 \in]0,1[$ défini par $\left(\log\frac{1}{r_1}\right)^{-\delta} = \varepsilon$ et la fonction indicatrice $I_{r_1,1}$ comme dans la preuve du Lemme 3. Ici $\tau_N = 1$ et $\sigma_N = 2\pi$.

$$\int_{r_1\leq|\zeta|<1}(1-|\zeta|)\left(\log\frac{1}{1-|\zeta|}\right)^{-\gamma} d\mu(\zeta)$$
$$= \delta(\delta+1)\int_{r_1}^{\to 1}(1-r)\left(\log\frac{1}{1-r}\right)^{-\gamma}\frac{1}{r}\left(\log\frac{1}{r}\right)^{-\delta-2} dr.$$

Quand $r \to 1$, on sait que: $\frac{1}{r}\left(\log\frac{1}{r}\right)^{-\delta-2} \sim (1-r)^{-\delta-2}$. Il reste à vérifier la divergence de l'intégrale

$$\int_{r_1}^{\to 1}(1-r)^{-\delta-1}\left(\log\frac{1}{1-r}\right)^{-\gamma} dr.$$

Puisque $\delta > 0$, on a

$$\lim_{\substack{r\to 1\\ r<1}}(1-r)^{-\delta/2}\left(\log\frac{1}{1-r}\right)^{-\gamma} = +\infty$$

donc il existe $r_2 \in]0,1[$ tel que $(1-r)^{-\delta/2}\left(\log\frac{1}{1-r}\right)^{-\gamma} \geq 1 \ \forall r \in [r_2,1[$. Finalement:

$$(1-r)^{-\delta-1}\left(\log\frac{1}{1-r}\right)^{-\gamma} \geq (1-r)^{-\frac{\delta}{2}-1} \qquad \forall r \in [r_2,1[$$

et on est ramené à une comparaison avec l'intégrale de référence ci-dessous, bien connue pour diverger quand $\delta > 0$:

$$\int_0^{\to 1}\frac{dr}{(1-r)^{1+\frac{\delta}{2}}}.$$

7. Un aperçu des résultats pour le cas des fonctions sous–harmoniques dans $I\!\!R^N$.

Théorème 9. *Soit u une fonction sous–harmonique dans $I\!\!R^N$ vérifiant $\mathcal{H}_O$, μ sa mesure de Riesz et $\omega : I\!\!R^+ \to I\!\!R^+$ une fonction de classe $\mathcal{C}^1$ décroissante telle que $\omega(s) = o(1/\log s)$ si $N = 2$ ou $\omega(s) = o(s^{1-\frac{N}{2}})$ si $N \geq 3$, quand $s \to +\infty$. Alors*

$$\int_{I\!\!R^N} u^+(x)\,[-\omega'(|x|^2)]\,dx < +\infty \qquad \Longrightarrow \qquad \int_{I\!\!R^N} \frac{\omega(|\zeta|^2 + 1)}{|\zeta|^2}\,d\mu(\zeta) < +\infty.$$

Preuve. Voir les paragraphes 6.2 et 6.3 de [50].

Exemple. Avec $N = 2$ et $\omega : s \mapsto e^{-\beta s}$ (où $\beta > 0$), on obtient

$$\int_{I\!\!R^N} \frac{e^{-\beta|\zeta|^2}}{|\zeta|^2}\,d\mu(\zeta) < +\infty,$$

ce qui englobe le résultat de [71] cité en introduction.

Théorème 10. *Soit ω une fonction $\mathcal{C}^1$ et décroissante sur $[0, +\infty[$, vérifiant de plus : $\omega(s) = o\big(1/(s\log s)\big)$ si $N = 2$ ou $\omega(s) = o(s^{1-N})$ si $N \geq 3$, quand $s \to +\infty$. Si une fonction u sous–harmonique dans $I\!\!R^N$ vérifie $\mathcal{H}_O$ et*

$$\int_{I\!\!R^N} u^+(x)\,[-\omega'(|x|)]\,dx < +\infty$$

alors sa mesure de Riesz μ satisfait:

$$\int_{I\!\!R^N} \omega(|\zeta| + 1)\,d\mu(\zeta) < +\infty$$

et

$$\int_{|\zeta|\geq 1} \omega(|\zeta|^\alpha + 1)\,\log|\zeta|\,d\mu(\zeta) < +\infty \qquad \forall \alpha > 1 \qquad \text{pour } N = 2$$

$$\int_{I\!\!R^N} \omega(|\zeta|^\alpha + 1)\,|\zeta|^{(\alpha-1)(N-2)}\,d\mu(\zeta) < +\infty \qquad \forall \alpha \geq 1 \qquad \text{pour } N \geq 3.$$

Preuve. Voir les Propositions 6.2 et 6.3 de [50].

Exemple. Pour une fonction u vérifiant

$$\int_{\mathbb{R}^N} u^+(x)\, e^{-|x|}\, dx < +\infty,$$

le Théorème 10 appliqué avec $\omega(s) = e^{-s}$ fournit:

$$\int_{\mathbb{R}^N} e^{-|\zeta|}\, d\mu(\zeta) < +\infty.$$

Ce résultat est plus intéressant que celui obtenu par le Théorème 9, appliqué avec $\omega(s) = \int_s^{+\infty} e^{-\sqrt{t}}\, dt$, car alors $\frac{\omega(s^2+1)}{s^2} = o(e^{-s})$ quand $s \to +\infty$.

Par contre, pour une fonction u vérifiant

$$\int_{\mathbb{R}^N} u^+(x)\, e^{-|x|^2}\, dx < +\infty,$$

c'est le Théorème 9 qui est le plus avantageux (appliqué avec $\omega(s) = e^{-s}$). Pour utiliser le Théorème 10, il faudrait travailler avec $\omega(s) = \int_s^{+\infty} e^{-t^2}\, dt$, mais alors

$$\omega(s+1) \le \frac{1}{2}\, e^{-(s^2+1)}\, e^{-2s} = o\Big(\frac{e^{-(s^2+1)}}{s^2}\Big) \qquad\qquad \text{quand } s \to +\infty.$$

En [50], on compare également la croissance de u avec celle de ρ pour des fonctions sous-harmoniques u dans $\mathbb{R}^N$ ayant une croissance de la forme:

Théorème 11. *Soit u une fonction sous-harmonique dans $\mathbb{R}^N$ vérifiant $\mathcal{H}_O$ et telle que*

$$(9) \qquad \exists A \ge 0 \quad \exists C > 0 \quad \exists \gamma > 0 \quad u(x) \le A + C\,|x|^\gamma \qquad \forall x \in \mathbb{R}^N.$$

(a) *Sa fonction de répartition ρ vérifie $\rho(s) \le Ce\gamma\, s^\gamma\, e^{\frac{A\gamma}{\rho(s)}}\ \forall s > 0$ lorsque $N = 2$. Elle vérifie $\rho(s) \le K\, s^{\gamma+N-2}\, M(s)\ \forall s > 0$ quand $N \ge 3$, avec*

$$K = \big(\tfrac{\gamma+N-2}{\gamma}\big)^{\frac{\gamma+N-2}{N-2}},$$

$$M(s) = \frac{C\gamma}{N-2}\left[1 + \frac{A\gamma}{\gamma+N-2}\big(\tfrac{N-2}{C\gamma}\big)^{\frac{N-2}{\gamma+N-2}} [\rho(s)]^{\frac{-\gamma}{\gamma+N-2}}\right]^{\frac{\gamma+N-2}{N-2}}.$$

(b) *Si $N = 2$ et $A > 2/\gamma$, l'ensemble $\{s > 0 : \rho(s) < C\gamma\, s^\gamma\, e^{\frac{A\gamma}{\rho(s)}}\}$ n'est pas borné. De même pour $\{s > 0 : \rho(s) < s^{\gamma+N-2}\, M(s)\}$ si $N \ge 3$.*

61

Preuve de a). Voir les paragraphes 3.2 et 3.3 de [50].

Preuve de b). Voir le paragraphe 4 de [50].

Ainsi

$$\limsup_{s\to+\infty} \frac{\rho(s)}{s^{\gamma+N-2}} \le Ce\gamma \quad \text{si } N = 2 \qquad \text{ou} \qquad \le \frac{CK\gamma}{N-2} \quad \text{si } N \ge 3$$

et

$$\liminf_{s\to+\infty} \frac{\rho(s)}{s^{\gamma+N-2}} \le C\gamma \quad \text{si } N = 2 \qquad \text{ou} \qquad \le \frac{C\gamma}{N-2} \quad \text{si } N \ge 3.$$

Théorème 12. *Soient $\gamma > 0$, $C > 0$, $0 < C' < 2C$ et Sh_C^γ l'ensemble des fonctions sous-harmoniques dans $\mathbb{R}^N$ satisfaisant $\mathcal{H}_O$ et la majoration (9). Si μ_1 et μ_2 sont les mesures de Riesz de deux fonctions de Sh_C^γ, il n'existe pas forcément de fonction dans $Sh_{C'}^\gamma$ dont la mesure de Riesz soit $\mu_1 + \mu_2$.*

Preuve. Un contrexemple est construit avec $\varepsilon > 0$ fixé et

$$u_1(x) = u_2(x) = \max\{0, C(|x|^\gamma - \varepsilon^\gamma)\} \qquad \forall x \in \mathbb{R}^N.$$

Comme

$$\rho_1(s) = \rho_2(s) = \frac{C\gamma}{\tau_N}\left(s^{\gamma+N-2} - \varepsilon^{\gamma+N-2}\right) \qquad \forall s > \varepsilon,$$

on ne peut pas avoir $\liminf\limits_{s\to+\infty} \frac{\rho_1(s)+\rho_2(s)}{s^{\gamma+N-2}} \le \frac{C'\gamma}{\tau_N} < \frac{2C\gamma}{\tau_N}$. Pour de plus amples détails, voir le paragraphe 5 de [50].

— CHAPITRE III —

FONCTIONS SOUS–HARMONIQUES
D'ORDRE AU PLUS UN

1. Introduction.

Si une fonction u sous–harmonique dans $I\!R^N$ est d'ordre au plus un, alors elle est astreinte à une majoration de la forme:

$$\forall \gamma > 1 \qquad \exists A > 0 \qquad \exists C > 0 \qquad u(x) \leq A + C\,|x|^\gamma \qquad \forall x \in I\!R^N$$

mais sans aucune restriction minorant ses valeurs négatives. Dans le cas $N = 2$, divers résultats sont disponibles reliant

$$M(u,r) = \max_{|x|=r} u(x) \qquad \text{et} \qquad I(u,r) = \inf_{|x|=r} u(x) \qquad (r > 0)$$

faisant souvent intervenir la différence $M(u,r) - I(u,r)$ (voir [21] et le chapitre 6 de [28]), mais la plupart de ces résultats n'ont pas d'analogue naturel dans le cas $N \geq 3$ parce que $r \mapsto I(u,r)$ peut alors être identiquement égale à $-\infty$. Dans le cas $N \geq 3$, ce chapitre va rechercher des minorations de $u(x)$ et des encadrements de $u(y) - u(x)$ lorsque $|x| = |y|$. Il s'agit aussi de contrôler la taille des ensembles sur lesquels ces estimations ne sont pas valables. On étudiera des fonctions u présentant de plus une croissance lente, c'est–à–dire vérifiant

$$\liminf_{r \to +\infty} \frac{M(u,r)}{\varphi(r)} \leq 1$$

où φ est une fonction croissante sujette à certaines conditions détaillées plus loin, dans la Définition 3.

Les résultats de ce chapitre sont extraits de [56]. On renvoie à [40] et [21] pour d'autres résultats dans la même thématique.

Tout au long de ce chapitre, pour $R > 0$ quelconque, $B(O, R)$ désigne la boule euclidienne $\{x \in \mathbb{R}^N : |x| \leq R\}$ et $S(O, R)$ la sphère $\{x \in \mathbb{R}^N : |x| = R\}$.

Les Théorèmes 1 et 3 exposent des minorations de u sur des boules de $\mathbb{R}^N$.

Étant donné $\alpha > 0$, on obtient alors une suite $(R_n)_{n \in \mathbb{N}}$ de nombres positifs qui tendent vers $+\infty$ et tels que, pour tout n suffisamment grand:

$$u(x) \geq -\frac{\varphi'(R_n)\,(R_n)^{N-1}}{N-2}\left(1 + \frac{2}{\alpha}\right) \qquad \forall x \in B(O, \tfrac{R_n}{2}) \setminus \Gamma_n$$

avec Γ_n un ensemble dont le volume ne dépasse pas $V_N\,\alpha^{\frac{N}{N-2}}$, la constante V_N dépendant seulement de N.

Pour certaines constantes $p < 1$ un résultat similaire sera établi:

$$u(x) \geq -2\left[\frac{\varphi'(R_n)\,(R_n)^{N-1}}{N-2}\right]^p \qquad \forall x \in B(O, \tfrac{R_n}{2}) \setminus \Gamma_n$$

avec ici

$$\lim_{n \to +\infty} \frac{\text{Volume de } \Gamma_n}{\text{Volume de } B(O, \tfrac{R_n}{2})} = 0$$

(voir le Théorème 3 pour de plus amples détails).

Les Théorèmes 2 et 4 estiment l'écart $u(y) - u(x)$ sur des sphères de $\mathbb{R}^N$.

Étant donné $\alpha > 0$, on obtient dans le Théorème 2 une suite $(r_n)_{n \in \mathbb{N}}$ de nombres qui tendent vers $+\infty$ et vérifient l'estimation suivante pour tout $n \in \mathbb{N}$:

$$M(u, r_n) - u(x) \leq \left(\frac{2\Lambda}{\alpha} + 1\right)\frac{\varphi'(r_n)\,r_n^{N-1}}{N-2} \qquad \forall x \in S(O, r_n) \setminus \Sigma_n$$

$$u(y) - u(x) \geq -\left(\frac{2\Lambda}{\alpha} + 1\right)\frac{\varphi'(r_n)\,r_n^{N-1}}{N-2} \qquad \forall x \in S(O, r_n) \quad \forall y \in S(O, r_n) \setminus \Sigma_n$$

où Σ_n est un ensemble dont l'aire sur $S(O, r_n)$ ne dépasse pas $A_N\, \alpha^{\frac{N-1}{N-2}}$ et Λ est une constante reliée à φ (voir Définition 3 et Proposition 3 pour plus de précisions sur les constantes Λ et A_N).

Pour certaines constantes $p < 1$, le Théorème 4 fournit des estimations similaires:

$$M(u, r_n) - u(x) \leq \left[(\Lambda + 1)\frac{\varphi'(r_n)\, r_n^{N-1}}{N-2}\right]^p \qquad \forall x \in S(O, r_n) \setminus \Sigma_n$$

$$u(y) - u(x) \geq - \left[(\Lambda + 1)\frac{\varphi'(r_n)\, r_n^{N-1}}{N-2}\right]^p \quad \forall x \in S(O, r_n) \quad \forall y \in S(O, r_n) \setminus \Sigma_n$$

avec maintenant
$$\lim_{n \to +\infty} \frac{\text{Aire de } \Sigma_n}{\text{Aire de } S(O, r_n)} = 0.$$

2. Résultats préliminaires.

Définition 1. *Soit $\mathcal{S}$ l'ensemble des fonctions sous–harmoniques u dans $\mathbb{R}^N$, d'ordre ≤ 1, de classe convergente, harmonique dans un voisinage de l'origine, avec $u(O) = 0$. On rappelle que l'ordre d'une fonction sous–harmonique u est défini par*

$$\lambda = \limsup_{r \to +\infty} \frac{\log M(u, r)}{\log r} \qquad \textit{(voir [29, p.143])}$$

et que u est dite de classe convergente si

$$\int_1^{+\infty} \frac{M(u, r)}{r^{\lambda+1}}\, dr < +\infty \qquad \textit{(voir [29, p.143].)}$$

On sait d'après [29, p.155] que toute $u \in \mathcal{S}$ possède la représentation suivante:

$$u(x) = \int_{\mathbb{R}^N} K_0(x, \xi)\, d\mu(\xi) \qquad \forall x \in \mathbb{R}^N$$

où μ est la mesure de Riesz associée à u et K_0 est donnée par:

$$K_0(x, \xi) = |\xi|^{2-N} - |x - \xi|^{2-N} \qquad \text{(voir [29, p.156]).}$$

Définition 2. *Étant données $u \in \mathcal{S}$ et μ sa mesure de Riesz, on définit pour tout $R > 0$:*

$$v_R(x) = \int_{|\xi| \leq R} K_0(x, \xi)\, d\mu(\xi), \qquad w_R(x) = \int_{|\xi| > R} K_0(x, \xi)\, d\mu(\xi),$$

$$\rho(R) = \int_{|\xi| \leq R} d\mu(\xi) \qquad \textit{(fonction de répartition de μ)}.$$

Pour tout $r > 0$, soit $M(u, r) = \max\limits_{|x| \leq r} u(x)$, avec $M(v_R, r)$ et $M(w_R, r)$ définis de manière analogue.

La borne sup $u(x)$ est atteinte parce que u est semi–continue supérieurement. $|x| \leq r$
Elle est atteinte sur la frontière: $M(u, r) = \max\limits_{|x| = r} u(x)$ puisque u est sous–harmonique, d'après le principe du maximum (voir [29, pp. 48–49]).

Lemme 1. *Étant donné $u \in \mathcal{S}$, on a $M(v_R, T) \leq M(u, T + R) + M(u, R)$ $\forall R > 0 \;\forall T > 0$.*

En particulier $M(v_R, R) \leq 2\, M(u, 2R)$, la fonction $r \mapsto M(u, r)$ étant croissante (on renvoie à [29, p.66]).

Preuve. Soit $x \in \mathbb{R}^N$ avec $|x| \leq T$. Alors $K_0(x, \xi) \leq \frac{1}{|\xi|^{N-2}} - \frac{1}{(T+|\xi|)^{N-2}}$ pour tout $\xi \in \mathbb{R}^N$, et donc

$$\begin{aligned}
v_R(x) &\leq \int_{|\xi| \leq R} \left(\frac{1}{|\xi|^{N-2}} - \frac{1}{(T+|\xi|)^{N-2}} \right) d\mu(\xi) \\
&= \int_0^R \left(\frac{1}{t^{N-2}} - \frac{1}{(T+t)^{N-2}} \right) d\rho(t),
\end{aligned}$$

cette intégrale étant comprise au sens de Stieltjes. Une intégration par parties conduit à :

$$\begin{aligned}
v_R(x) \leq\; & \left(\frac{1}{R^{N-2}} - \frac{1}{(T+R)^{N-2}} \right) \rho(R) \\
& + (N-2) \int_0^R \left(\frac{1}{t^{N-1}} - \frac{1}{(T+t)^{N-1}} \right) \rho(t)\, dt.
\end{aligned}$$

La formule de Jensen–Privalov (voir [45, p.44]), aussi connue sous l'appellation "premier Théorème fondamental de Nevanlinna" (voir [29, p.127]), s'applique puisque u est harmonique dans un voisinage de l'origine:

$$(N-2) \int_0^r \frac{\rho(t)}{t^{N-1}}\, dt = \frac{1}{\sigma_N} \int_{S_N} u(r\eta)\, d\sigma(\eta) \leq M(u,r) \qquad \forall r > 0$$

avec σ_N l'aire de la sphère unité S_N dans $I\!\!R^N$ et $d\sigma$ l'élément d'aire sur S_N. D'où

$$\begin{aligned}
M(u, R+T) &\geq (N-2) \int_R^{R+T} \frac{\rho(t)}{t^{N-1}}\, dt \geq (N-2)\, \rho(R) \int_R^{R+T} \frac{dt}{t^{N-1}} \\
&= \rho(R) \left[\frac{1}{R^{N-2}} - \frac{1}{(T+R)^{N-2}} \right].
\end{aligned}$$

Finalement:

$$v_R(x) \leq M(u, R+T) + (N-2) \int_0^R \frac{\rho(t)}{t^{N-1}}\, dt$$

et le Lemme 1 en résulte.

Lemme 2. *Étant données $u \in \mathcal{S}$ et ρ la fonction de répartition de sa mesure de Riesz, soit $J(r)$ défini pour tout $r > 0$ par :*

$$J(r) = (N-2) \int_0^r \frac{\rho(t)}{t^{N-1}}\, dt.$$

Alors

$$\limsup_{r \to +\infty} \frac{\log J(r)}{\log r} \leq \lambda = l'ordre\ de\ u.$$

Les trois intégrales ci–dessous sont convergentes:

$$\int_1^{+\infty} \frac{J(r)}{r^{\lambda+1}}\, dr \qquad \int_1^{+\infty} \frac{M(u,r)}{r^2}\, dr \qquad \int_1^{+\infty} \frac{J(r)}{r^2}\, dr.$$

Par ailleurs, on a les estimations ci–dessous:

(1) $\quad J(r) \leq M(u,r) \ \text{ et } \ \dfrac{1}{3 \cdot 2^{N-2}}\, M(u, r/2) \leq J(r) - (1 - 3^{-N}) J^-(r) \ \ \forall r > 0$

avec $J^-(r)$ la moyenne sur $S(O, r)$ des valeurs négatives de u.

Preuve. Puisque $u \in \mathcal{S}$, son ordre λ vérifie alors $\lambda \leq 1$ et donc

$$\frac{M(u,r)}{r^2} \leq \frac{M(u,r)}{r^{\lambda+1}} \qquad \forall r \geq 1.$$

On obtient la convergence de la deuxième intégrale en utilisant le fait que u est de classe convergente. La formule de Jensen donne $J(r) \leq M(u,r) \, \forall r > 0$, d'où la nature des deux autres intégrales.

Par ailleurs, la formule de Poisson (voir [29, pp.49 et 32]) fournit pour tous $R > 0$ et $x \in \mathbb{R}^N$ tels que $|x| < R$:

$$u(x) \leq \frac{1}{\sigma_N} \int_{S(O,R)} u(\zeta) \frac{R^2 - |x|^2}{R \, |x - \zeta|^N} \, d\sigma(\zeta)$$

où $d\sigma$ est l'élément d'aire sur la sphère $S(O,R) = \{\zeta \in \mathbb{R}^N : |\zeta| = R\}$. Si $\zeta = R\eta$ avec $\eta \in S_N$, alors $d\sigma(\zeta) = R^{N-1} d\sigma(\eta)$ et la formule Jensen peut aussi s'écrire:

$$J(R) = \frac{1}{\sigma_N \, R^{N-1}} \int_{S(O,R)} u(\zeta) \, d\sigma(\zeta) = J^+(R) + J^-(R)$$

avec $J^+(R) = \dfrac{1}{\sigma_N \, R^{N-1}} \displaystyle\int_{\substack{|\zeta|=R \\ u(\zeta) \geq 0}} u(\zeta) \, d\sigma(\zeta)$ et

$$J^-(R) = \frac{1}{\sigma_N \, R^{N-1}} \int_{\substack{|\zeta|=R \\ u(\zeta) < 0}} u(\zeta) \, d\sigma(\zeta).$$

Maintenant, soient $R = 2r$ et x tels que $u(x) = M(u,r)$, avec $|x| = r$. Alors

$$M(u,r) \leq \frac{1}{\sigma_N} \int_{S(O,R)} u(\zeta) \frac{3 \, R^2}{4R \, |x - \zeta|^N} \, d\sigma(\zeta).$$

On a $r \leq |x - \zeta| \leq 3r$ d'où

$$\frac{2^N}{3^N \, R^N} = \frac{1}{3^N \, r^N} \leq \frac{1}{|x - \zeta|^N} \leq \frac{1}{r^N} = \frac{2^N}{R^N}$$

donc

$$\frac{R \, u(\zeta)}{|x - \zeta|^N} \leq \begin{cases} \dfrac{2^N \, u(\zeta)}{R^{N-1}} & \text{si } u(\zeta) \geq 0 \\[2ex] \dfrac{2^N \, u(\zeta)}{3^N \, R^{N-1}} & \text{si } u(\zeta) < 0 \end{cases}$$

On en déduit que:

$$M(u,r) \leq \frac{3}{4} 2^N \left[J^+(R) + 3^{-N} J^-(R) \right] = 3 \cdot 2^{N-2} \left[J(R) - J^-(R) + 3^{-N} J^-(R) \right]$$

Corollaire 1. *Soient $u \in \mathcal{S}$ et J définie comme dans le Lemme 2, on a alors*

$$\lim_{R \to +\infty} \frac{M(u,R)}{R} = \lim_{R \to +\infty} \frac{J(R)}{R} = 0.$$

Preuve. Le Lemme 2 a déjà souligné que: $\displaystyle\int_1^{+\infty} \frac{M(u,r)}{r^2} dr < +\infty$. D'où

$$\int_R^S \frac{M(u,r)}{r^2} dr \to 0 \qquad \text{quand} \qquad R \to +\infty \quad \text{et} \quad S \to +\infty.$$

La fonction $r \mapsto M(u,r)$ étant croissante, on a:

$$\int_R^{2R} \frac{M(u,r)}{r^2} dr \geq M(u,R) \int_R^{2R} \frac{dr}{r^2} = \frac{M(u,R)}{2R} \geq 0$$

de telle sorte que $\frac{M(u,R)}{R} \to 0$ quand $R \to +\infty$. L'inégalité $J(R) \leq M(u,R)$ pour tout $R > 0$ garantit la seconde limite.

Lemme 3. *Étant donné $u \in \mathcal{S}$ et $R > 0$, on a : $M(w_R, T) \leq M(u,T)$ pour tout $T \geq 2R$.*

Preuve. Puisque w_R est sous–harmonique dans $\mathbb{R}^N$ (voir [29, pp.146 et 141]), le principe du maximum est satisfait: $M(w_R, T) = \max\limits_{|x|=T} w_R(x)$. Étant donné $x \in \mathbb{R}^N$, avec $|x| = T$, on a : $|x - \xi| \geq R$ pour tout $\xi \in \mathbb{R}^N$ tel que $|\xi| \leq R$, d'où

$$K_0(x, \xi) \geq \frac{1}{|\xi|^{N-2}} - \frac{1}{R^{N-2}} \geq 0,$$

si bien que $v_R(x) \geq 0$ et finalement: $u(x) = v_R(x) + w_R(x) \geq w_R(x)$.

69

Lemme 4. *Soient $u \in \mathcal{S}$ et J définie comme dans le Lemme 2. Soit ρ la fonction de répartition de la mesure de Riesz de u. On a*

$$\lim_{r \to +\infty} \frac{\rho(r)}{r^{N-1}} = 0$$

et

$$\int_R^{+\infty} \frac{d\rho(t)}{t^{N-1}} = -\frac{\rho(R)}{R^{N-1}} + \frac{N-1}{N-2}\left(-\frac{J(R)}{R} + \int_R^{+\infty} \frac{J(t)}{t^2}dt\right)$$

$$\leq \frac{N-1}{N-2} \int_R^{+\infty} \frac{J(t)}{t^2}dt.$$

Preuve. La limite de $\frac{\rho(r)}{r^{N-1}}$ résulte de:

$$\frac{J(2r)}{2r} \geq \frac{N-2}{2r} \int_r^{2r} \frac{\rho(t)}{t^{N-1}}\,dt \geq \frac{N-2}{2r}\rho(r)\int_r^{2r} \frac{dt}{t^{N-1}}$$

$$\geq \frac{N-2}{2}\rho(r)\frac{1}{(2r)^{N-1}} \geq 0$$

Des intégrations par parties dans l'intégrale de Stieltjes fournissent:

$$\int_R^{+\infty} \frac{d\rho(t)}{t^{N-1}} = -\frac{\rho(R)}{R^{N-1}} + (N-1)\int_R^{+\infty} \frac{\rho(t)}{t^N}dt$$

et

$$(2) \qquad (N-2)\int_R^{+\infty} \frac{\rho(t)}{t^N}dt = \int_R^{+\infty} \frac{dJ(t)}{t} = -\frac{J(R)}{R} + \int_R^{+\infty} \frac{J(t)}{t^2}dt.$$

Proposition 1. *Étant donné $u \in \mathcal{S}$ et $R > 0$, on a l'estimation ci–dessous pour tout $x \in \mathbb{R}^N$ tel que $|x| \leq \frac{R}{2}$:*

$$|w_R(x)| \leq 2^{N-1}|x|\int_R^{+\infty} \frac{d\rho(t)}{t^{N-1}}$$

avec ρ et w_R comme dans la Définition 2.

Preuve. Il est connu d'après [29, p.139] que $|K_0(x,\xi)| \leq 2^{N-1}\frac{|x|}{|\xi|^{N-1}}$ dès que $|x| \leq \frac{|\xi|}{2}$. Ici avec $|\xi| > R \geq 2|x|$, on obtient ainsi:

$$|w_R(x)| \leq 2^{N-1}|x|\int_{|\xi|>R} \frac{d\mu(\xi)}{|\xi|^{N-1}} = 2^{N-1}|x|\int_{]R,+\infty[} \frac{d\rho(t)}{t^{N-1}}$$

cette dernière intégrale étant comprise au sens de Stieltjes.

3. Construction des boules et des sphères sur lesquelles auront lieu les estimations.

Proposition 2. *Soient $u \in \mathcal{S}$ et φ une fonction positive et $\mathcal{C}^1$ sur $[0, +\infty[$ telle que*

$$\lim_{r \to +\infty} \varphi(r) = +\infty \qquad et \qquad \liminf_{r \to +\infty} \frac{J(r)}{\varphi(r)} \leq 1.$$

Étant donné $\varepsilon > 0$, il existe une suite croissante $(R_n)_{n \in \mathbb{N}}$ de nombres positifs tels que $\lim_{n \to +\infty} R_n = +\infty$ et

$$(3) \qquad \rho(R_n) < \frac{1+\varepsilon}{N-2} \, (R_n)^{N-1} \, \varphi'(R_n) \qquad \forall n \in \mathbb{N}$$

avec ρ comme dans la Définition 2 et J comme dans le Lemme 2. Soit ψ la fonction définie par

$$\psi(r) = \frac{\varphi'(r) \, r^{N-1}}{N-2} \qquad \forall r \geq 0.$$

Si de plus $\frac{r}{\psi(r)}$ reste borné quand $r \to +\infty$, alors l'estimation suivante est valable pour tout n suffisamment grand:

$$c \, \rho(R_n) + 2^{N-2} \, R_n \int_{R_n}^{+\infty} \frac{d\rho(t)}{t^{N-1}} \leq (c(1+\varepsilon) + \varepsilon) \, \psi(R_n) \qquad \forall c > 0.$$

Preuve. Soit $A > 0$. Si on avait $(N-2) \frac{\rho(t)}{t^{N-1}} \geq (1+\varepsilon) \, \varphi'(t) \; \forall t \geq A$, alors on obtiendrait

$$J(r) \quad = J(A) + (N-2) \int_A^r \frac{\rho(t)}{t^{N-1}} \, dt$$

$$\geq J(A) + (1+\varepsilon) \, [\varphi(r) - \varphi(A)] \qquad \forall r \geq A$$

et il en découlerait que

$$\frac{J(r)}{\varphi(r)} \geq 1 + \varepsilon + \frac{J(A) - (1+\varepsilon)\varphi(A)}{\varphi(r)} \qquad \forall r \geq A.$$

De $\lim_{r \to +\infty} \varphi(r) = +\infty$ il résulterait que

$$\liminf_{r \to +\infty} \frac{J(r)}{\varphi(r)} \geq 1 + \varepsilon$$

et une contradiction surgirait.

Donc il existe $R \geq A$ tel que: $(N-2)\,\frac{\rho(R)}{R^{N-1}} < (1+\varepsilon)\,\varphi'(R)$. La suite $(R_n)_{n \in I\!\!N}$ satisfaisant (3) est ainsi construite par récurrence: en choisissant $A = 1 + R_n$ à la $(n+1)^{\text{ième}}$ étape, on est assuré que $R_{n+1} \geq 1 + R_n > R_n$ et $R_n > n$ pour tout $n \in I\!\!N$.

Comme $\frac{r}{\psi(r)}$ est bornée, il découle du Lemme 4 et du Corollaire 1 que:

$$\lim_{R \to +\infty} \frac{R}{\psi(R)} \int_R^{+\infty} \frac{d\rho(t)}{t^{N-1}} = 0.$$

Pour R suffisamment grand, on a donc:

$$2^{N-2}\, R \int_R^{+\infty} \frac{d\rho(t)}{t^{N-1}} \leq \varepsilon\,\psi(R).$$

Remarque. On peut localiser plus précisément les termes de la suite. Une suite croissante $(Q_n)_{n \in I\!\!N^*}$ peut être construite par récurrence telle que : $\lim_{n \to +\infty} Q_n = +\infty$ et

$$\frac{J(Q_n)}{\varphi(Q_n)} < 1 + \frac{\varepsilon}{n} \qquad \text{et} \qquad \frac{(1+\frac{\varepsilon}{n})\varphi(Q_n) - J(Q_n)}{\varphi(Q_{n+1})} \leq \frac{\varepsilon}{n(n+1)} \qquad \forall n \in I\!\!N^*.$$

Alors, pour chaque $n \in I\!\!N^*$, il existe $P_n \in [Q_n, Q_{n+1}]$ tel que :

$$\rho(P_n) < \frac{1 + \frac{\varepsilon}{n}}{N-2}\,(P_n)^{N-1}\,\varphi'(P_n).$$

En effet, si on avait $(N-2)\frac{\rho(t)}{t^{N-1}} \geq (1 + \frac{\varepsilon}{n})\,\varphi'(t)\ \forall t \in [Q_n, Q_{n+1}]$, on obtiendrait de la même façon que dans la preuve précédente:

$$\frac{J(Q_{n+1})}{\varphi(Q_{n+1})} \geq 1 + \frac{\varepsilon}{n} + \frac{J(Q_n) - (1+\frac{\varepsilon}{n})\varphi(Q_n)}{\varphi(Q_{n+1})}$$

$$\geq 1 + \frac{\varepsilon}{n} - \frac{\varepsilon}{n(n+1)} \geq 1 + \frac{\varepsilon}{n+1},$$

ainsi une contradiction apparaît.

Lemme 5. Lemme de Cartan (voir [29, p.131]). *Soient μ la mesure de Riesz d'une fonction sous–harmonique dans $\mathbb{R}^N$ et ρ la fonction de répartition qui lui est associée. Soient $\alpha > 0$ et $R > 0$. Alors :*

$$\int_{|\xi| \le R} \frac{1}{|x - \xi|^{N-2}}\, d\mu(\xi) \le \frac{1}{\alpha}\, \rho(R) \qquad \forall x \in \mathbb{R}^N \setminus \Gamma(\alpha, R)$$

où $\Gamma(\alpha, R)$ est une réunion finie ou dénombrable de boules fermées B_k de rayons respectifs t_k satisfaisant:

$$\sum_{k \in \mathbb{N}} (t_k)^{N-1} \le C_N\, (\alpha)^{\frac{N-1}{N-2}},$$

la constante C_N dépendant seulement de N.

Remarque. Pour information:

$$C_N = 2^N (D_N)^{\frac{2N-3}{N-2}}, \qquad D_N = \left(1 - 2^{\frac{-1}{2N-3}} \right)^{-1}, \qquad t_k \le 2(D_N\, \alpha)^{\frac{1}{N-2}} \quad \forall k$$

et le volume de $\Gamma(\alpha, R)$ est $\le V_N\, (\alpha)^{\frac{N}{N-2}}$ avec $V_N = \frac{\sigma_N}{N}\, 2^{N+1} (D_N)^{\frac{2N-2}{N-2}}$ (voir Proposition 4 à la fin de la Section 4) où $\sigma_N = \frac{2\,\pi^{N/2}}{\Gamma(N/2)}$ est l'aire de la sphère unité S_N dans $\mathbb{R}^N$ (voir [29, p.29]).

Remarque. Une version plus générale de l'énoncé ci–dessus est disponible dans [29, p.131], avec sa preuve. Le résultat correspondant pour les fonctions sous–harmoniques dans le plan est fourni par [17] (voir aussi [36, pp. 76–78]).

Proposition 3. *Étant donnés $\alpha > 0$ et $R > 8(D_N\, \alpha)^{\frac{1}{N-2}}$, soit $\Sigma(\alpha, R)$ l'intersection de la sphère $S(O, \frac{R}{2})$ avec l'ensemble $\Gamma(\alpha, R)$ d'après le Lemme de Cartan. Alors l'aire de $\Sigma(\alpha, R)$ n'excède pas*

$$2\, C_N \sigma_{N-1} \left(\frac{R}{R - 4(D_N\, \alpha)^{\frac{1}{N-2}}} \right)^{N-1} \alpha^{\frac{N-1}{N-2}}.$$

En particulier, pour tout $\varepsilon > 0$ il existe $T_{\varepsilon, \alpha} > 0$ tel que

$$\text{Aire de } \Sigma(\alpha, R) \le 2\, C_N\, \sigma_{N-1}\, (1 + \varepsilon)\, \alpha^{\frac{N-1}{N-2}} \qquad \forall R \ge T_{\varepsilon, \alpha}.$$

Preuve. Si une boule B_k intersecte $S(O, \frac{R}{2})$, alors son centre c_k satisfait:

$$2(D_N\,\alpha)^{\frac{1}{N-2}} < \frac{R}{2} - 2(D_N\,\alpha)^{\frac{1}{N-2}} \leq |c_k| \leq \frac{R}{2} + 2(D_N\,\alpha)^{\frac{1}{N-2}}$$

puisque son rayon t_k ne dépasse pas $2(D_N\,\alpha)^{\frac{1}{N-2}}$. Ainsi l'origine $O \notin B_k$ et le cône de sommet O sous–tendu par B_k a pour amplitude θ_k avec $\theta_k \in [0, \frac{\pi}{2}]$ et

$$\sin\theta_k = \frac{t_k}{|c_k|} \leq \frac{t_k}{\frac{R}{2} - 2(D_N\,\alpha)^{\frac{1}{N-2}}}.$$

L'intersection de ce cône avec la sphère $S(O, \frac{R}{2})$ est une calotte dont l'aire est (voir [29, p.162]):

$$\sigma_{N-1}\left(\frac{R}{2}\right)^{N-1}\int_0^{\theta_k}(\sin\theta)^{N-2}d\theta \leq \sigma_{N-1}\left(\frac{R}{2}\right)^{N-1}(\sin\theta_k)^{N-2}\theta_k$$

puisque la fonction $\theta \mapsto \sin\theta$ est croissante sur $[0, \frac{\pi}{2}]$. On sait que $\sin\theta \geq \frac{\theta}{2}$ pour tout $\theta \in [0, \frac{\pi}{2}]$, donc $\theta_k \leq 2\sin\theta_k$ et

$$\text{Aire de } B_k \cap S(O, R/2) \;\leq 2\,\sigma_{N-1}\left(\tfrac{R}{2}\,\sin\theta_k\right)^{N-1}$$

$$\leq 2\,\sigma_{N-1}\left(\frac{R}{R - 4(D_N\,\alpha)^{\frac{1}{N-2}}}\right)^{N-1}(t_k)^{N-1}.$$

La Proposition 3 en découle alors d'après le Lemme de Cartan.

Corollaire 2. *Soient $R > 0$ et ρ la fonction de répartition associée à une fonction sous–harmonique u d'ordre λ. Étant donné $a \in \left]0, \frac{N-2}{N-2+\lambda}\right[$ on a alors:*

$$\lim_{R \to +\infty} \frac{\text{Volume de } \Gamma([\rho(R)]^a, R)}{\text{Volume de } B(O, \frac{R}{2})} = 0$$

et

$$\lim_{R \to +\infty} \frac{\text{Aire de } \Sigma([\rho(R)]^a, R)}{\text{Aire de } S(O, \frac{R}{2})} = 0.$$

Preuve. À la fois dans le Lemme 5 et la Proposition 3, on peut choisir

$$\alpha = [\rho(R)]^a \qquad \text{où} \qquad 0 < a < \frac{N-2}{N-2+\lambda}.$$

Soit $\gamma > 0$ tel que $a < \dfrac{N-2}{N-2+\lambda+\gamma}$.

Il existe $A > 0$ et $C > 0$ tels que $u(x) \le A + C\,|x|^{\lambda+\gamma} \; \forall x \in \mathbb{R}^N$. D'où il existe $C' > 0$ tel que $\rho(r) \le C'\,r^{N-2+\lambda+\gamma} \; \forall r \ge 0$ pourvu que $u \in \mathcal{S}$ (voir [50] pour une expression de C' comme fonction de C, N, $\lambda + \gamma$). Maintenant

$$[\rho(R)]^a \le (C')^a\,R^{a(N-2+\lambda+\gamma)} \qquad \forall R \ge 0.$$

Ainsi il apparaît que

$$\alpha^{\frac{1}{N-2}} < \frac{R}{8\,(D_N)^{\frac{1}{N-2}}}$$

pour R suffisamment grand et la Proposition 3 peut s'appliquer. Par ailleurs

$$\lim_{R \to +\infty} \frac{R}{R - 4(D_N)^{\frac{1}{N-2}}\,[\rho(R)]^{\frac{a}{N-2}}} = 1 \qquad \text{et} \qquad \lim_{R \to +\infty} \frac{[\rho(R)]^{a\frac{N-1}{N-2}}}{R^{N-1}} = 0.$$

D'où l'aire relative de $\Sigma([\rho(R)]^a, R)$ sur la sphère $S(O, \frac{R}{2})$, en d'autres mots

$$\frac{\text{Aire de } \Sigma([\rho(R)]^a, R)}{\sigma_N \left(\frac{R}{2}\right)^{N-1}}$$

tend vers 0 quand $R \to +\infty$. De façon similaire,

$$\lim_{R \to +\infty} \frac{[\rho(R)]^{\frac{aN}{N-2}}}{R^N} = 0.$$

Ainsi le volume relatif de $\Gamma([\rho(R)]^a, R)$ dans la boule $B(O, \frac{R}{2})$ est de limite nulle:

$$\lim_{R \to +\infty} \frac{\text{Volume de } \Gamma([\rho(R)]^a, R)}{\frac{\sigma_N}{N}\left(\frac{R}{2}\right)^N} = 0.$$

4. Estimations valables en–dehors d'un ensemble de mesure bornée.

Définition 3. *Soit φ une fonction positive croissante et $\mathcal{C}^1$ sur $[0,+\infty[$ qui satisfasse:*

(i) $\qquad \lim\limits_{r\to+\infty} \varphi(r) = +\infty$

(ii) $\qquad \dfrac{r}{\psi(r)}$ *reste bornée quand* $r \to +\infty$

(iii) $\qquad$ *il existe $\Lambda \geq 0$ tel que $\psi(2r) \leq \Lambda\,\psi(r)$ pour tout r assez grand,*

la fonction ψ étant définie par: $\psi(r) = \dfrac{\varphi'(r)\,r^{N-1}}{N-2} \qquad \forall r \geq 0.$

Soit $\mathcal{S}_\varphi$ l'ensemble de toutes les fonctions sous–harmoniques $u \in \mathcal{S}$ telles que:

$$\liminf_{r\to+\infty} \frac{M(u,r)}{\varphi(r)} \leq 1.$$

Lemme 6. *Soient $b \geq 1$ et φ définie par: $\varphi(r) = (\log r)^b \; \forall r \geq 2$ (φ peut facilement être prolongée sur $[0,2]$ en une fonction positive croissante et $\mathcal{C}^1$). Cette fonction φ vérifie les conditions (i), (ii) et (iii) avec $\Lambda > 2^{N-2}$.*

Preuve. On a $\varphi'(r) = \frac{b}{r}\,(\log r)^{b-1}$ et $\psi(r) = \frac{b}{N-2}\,(\log r)^{b-1} r^{N-2} \; \forall r \geq 2$. Quand $r \to +\infty$, on a bien $\frac{\psi(r)}{r} \to +\infty$, sauf quand $N = 3$ et $b = 1$, cette limite valant alors $\frac{b}{N-2} = 1$. Par ailleurs $\frac{\psi(2r)}{\psi(r)} \to 2^{N-2}$.

Lemme 7. *Soit $u \in \mathcal{S}_\varphi$ avec φ et ψ comme dans la Définition 3. Quel que soit $\varepsilon > 0$, on a $M(u,r) \leq \varepsilon\,\psi(r)$ pour tout r suffisamment grand.*

Remarque. La condition (iii) de la Définition 3 peut être omise ici, ainsi que dans le Théorème 1 ci–dessous.

Preuve du Lemme 7. Étant donné $\varepsilon > 0$, supposons au contraire que, pour tout $A > 0$, il puisse exister $s > A$ tel que $M(u,s) > \varepsilon\,\psi(s)$. On pourrait alors construire une suite $(s_n)_{n\in\mathbb{N}}$ qui tende vers $+\infty$ telle que $M(u,s_n) > \varepsilon\,\psi(s_n)$ pour tout $n \in \mathbb{N}$. On aurait donc

$$0 \leq \varepsilon\,\frac{\psi(s_n)}{s_n} \leq \frac{M(u,s_n)}{s_n} \qquad \forall n \in \mathbb{N}.$$

Le Corollaire 1 conduirait à $\lim\limits_{n\to+\infty} \dfrac{\psi(s_n)}{s_n} = 0$, contredisant (ii).

Théorème 1. *Soit $u \in S_\varphi$ avec φ et ψ comme dans la Définition 3. Étant donné $\varepsilon > 0$, soit R_n $(n \in \mathbb{N})$ défini comme dans la Proposition 2. Soit $\alpha > 0$. Pour tout n suffisamment grand, on a alors:*

$$u(x) \geq -\psi(R_n)\left[\varepsilon + (1+\varepsilon)\left(\frac{1}{\alpha} - \frac{1}{R_n^{N-2}}\right)\right] \qquad \forall x \in B(O, \tfrac{R_n}{2}) \setminus \Gamma(\alpha, R_n)$$

où $\Gamma(\alpha, R_n)$ provient du Lemme 5.

Remarque. Le volume de $\Gamma(\alpha, R_n)$ est majoré par $V_N\,(\alpha)^{\frac{N}{N-2}}$.

Preuve du Théorème 1. La Proposition 1 et le Lemme 5 fournissent pour tout réel $R > 0$:

$$(4) \qquad u(x) = v_R(x) + w_R(x)$$

$$\geq \int_{|\xi| \leq R} \frac{1}{|\xi|^{N-2}}\, d\mu(\xi) - \int_{|\xi| \leq R} \frac{1}{|x-\xi|^{N-2}}\, d\mu(\xi) - |w_R(x)|$$

$$\geq \frac{1}{R^{N-2}}\,\rho(R) - \frac{\rho(R)}{\alpha} - 2^{N-1}\,\frac{R}{2}\int_R^{+\infty} \frac{d\rho(t)}{t^{N-1}}$$

pour tout $x \in \mathbb{R}^N \setminus \Gamma(\alpha, R)$ tel que $|x| \leq \frac{R}{2}$. C'est valable en particulier avec $R = R_n$. En appliquant la Proposition 2 avec $c = \frac{1}{\alpha} - \frac{1}{R_n^{N-2}} > 0$ pour n suffisamment grand, le résultat en découle.

Théorème 2. *Soit $u \in S_\varphi$, avec φ, ψ et Λ comme dans la Définition 3. Étant donnés $\varepsilon > 0$ et $\alpha > 0$, il existe une suite de nombres positifs $(r_n)_{n \in \mathbb{N}}$ de limite $+\infty$ et une suite d'ensembles $(\Sigma_n)_{n \in \mathbb{N}}$ avec $\Sigma_n \subset S(O, r_n)$ et*

$$\text{Aire de } \Sigma_n \leq 2\, C_N\, \sigma_{N-1}\,(1+\varepsilon)\,\alpha^{\frac{N-1}{N-2}},$$

telles que:

$$M(u, r_n) - u(x) \leq \left[\varepsilon + \Lambda\left(\frac{1+\varepsilon}{\alpha} + \varepsilon\right)\right]\psi(r_n) \quad \forall n \in \mathbb{N} \quad \forall x \in S(O, r_n) \setminus \Sigma_n.$$

On a également l'estimation suivante:

$$u(y) - u(x) \geq -\left[\varepsilon + \Lambda\left(\frac{1+\varepsilon}{\alpha} + \varepsilon\right)\right]\psi(r_n)$$

pour tout $n \in \mathbb{N}$, pour tous $x \in S(O, r_n)$ et $y \in S(O, r_n) \setminus \Sigma_n$.

Remarque. La constante C_N de l'énoncé précédent est la même que dans le Lemme de Cartan ci–dessus.

Preuve du Théorème 2. On considère les nombres R_n $(n \in I\!N)$ déterminés par ε et u comme dans la Proposition 2. D'après *(iii)*, le Lemme 7 et le Théorème 1, il existe $n_{\varepsilon,\alpha} \in I\!N$ tel que le système d'inégalités ci–dessous soit valable pour tout $n \geq n_{\varepsilon,\alpha}$:

$$\begin{cases} \psi(R_n) \leq \Lambda\,\psi(\tfrac{R_n}{2}) \\[2mm] M(u, \tfrac{R_n}{2}) \leq \varepsilon\,\psi(\tfrac{R_n}{2}) \\[2mm] -u(x) \leq \psi(R_n)\left(\varepsilon + \tfrac{1+\varepsilon}{\alpha}\right) \quad \forall x \in S(O, \tfrac{R_n}{2}) \setminus \Sigma(\alpha, R_n) \\[2mm] R_n \geq T_{\varepsilon,\alpha} \text{ avec } T_{\varepsilon,\alpha} \text{ et } \Sigma(\alpha, R_n) \text{ comme dans la Proposition 3,} \end{cases}$$

D'où l'aire de $\Sigma(\alpha, R_n)$ est $\leq 2\,C_N\,\sigma_{N-1}\,(1+\varepsilon)\,\alpha^{\frac{N-1}{N-2}} \forall n \geq n_{\varepsilon,\alpha}$. Le résultat en découle avec $r_n = \tfrac{1}{2}\,R_{n+n_{\varepsilon,\alpha}}$ et $\Sigma_n = \Sigma(\alpha, R_{n+n_{\varepsilon,\alpha}})$ $\forall n \in I\!N$.
Avec $x \in S(O, r_n)$ et $y \in S(O, r_n) \setminus \Sigma_n$, la minoration de $u(y) - u(x)$ se déduit de: $u(x) \leq M(u, r_n)$ et $-u(y) \leq \Lambda\,\psi(r_n)\left(\varepsilon + \tfrac{1+\varepsilon}{\alpha}\right)$.

5. Estimations valables en–dehors d'un ensemble de mesure tendant vers 0.

Définition 4. *Avec* φ, ψ, Λ *comme dans la Définition 3, soit* $\mathcal{S}'_\varphi \subset \mathcal{S}_\varphi$ *le sous–ensemble formé par les* $u \in \mathcal{S}_\varphi$ *qui vérifient (i), (ii') et (iii), où*

(ii') *il existe* $p \in]\frac{\lambda}{N-2+\lambda}, 1[$ *tel que* $\frac{r}{[\psi(r)]^p}$ *reste bornée quand* $r \to +\infty$

avec λ *l'ordre de* u.

Lemme 8. *La condition (ii') entraîne (ii), ce qui justifie bien l'inclusion* $\mathcal{S}'_\varphi \subset \mathcal{S}_\varphi$.

Preuve. Puisqu'il existe une constante $C > 0$ telle que $r \leq C.[\psi(r)]^p$, on obtient que $[\psi(r)]^p \to +\infty$ quand $r \to +\infty$, donc $\psi(r) \to +\infty$. Pour r assez grand, on a donc $[\psi(r)]^p < \psi(r)$ puisque $p < 1$, d'où $\frac{r}{[\psi(r)]^p} > \frac{r}{\psi(r)}$.

Remarque. Dans le Théorème 3, la condition (iii) n'est pas requise.

Théorème 3. *Soit $u \in \mathcal{S}'_\varphi$ avec φ, ψ, p comme dans les Définitions 3 et 4. Étant donné $\varepsilon > 0$, soit R_n ($n \in \mathbb{N}$) défini comme dans la Proposition 2. Pour tout n suffisamment grand, on a alors:*

$$u(x) \geq -((1+\varepsilon)^p + \varepsilon)\,[\psi(R_n)]^p \qquad \forall x \in B(O, \tfrac{R_n}{2}) \setminus \Gamma_n$$

où chaque ensemble Γ_n est une réunion finie ou dénombrable de boules et

$$\frac{\text{Volume de } \Gamma_n}{\text{Volume de } B(O, \tfrac{R_n}{2})} \to 0 \qquad \text{quand } n \to +\infty.$$

Preuve. Étant donné $R > 0$, la Proposition 1 et le Lemme 5 appliqués avec $\alpha = [\rho(R)]^{1-p}$ conduisent à:

$$u(x) \geq -[\rho(R)]^p - 2^{N-2}\,R \int_R^{+\infty} \frac{d\rho(t)}{t^{N-1}} \qquad \forall x \in B(O, \tfrac{R}{2}) \setminus \Gamma(\alpha, R)$$

de la même façon qu'en (4). Maintenant

$$\lim_{R \to +\infty} \frac{R}{[\psi(R)]^p} \int_R^{+\infty} \frac{d\rho(t)}{t^{N-1}} = 0$$

d'après le Lemme 4, le Corollaire 1 et le fait que $\frac{r}{[\psi(r)]^p}$ soit bornée. D'où

$$2^{N-2}\,R \int_R^{+\infty} \frac{d\rho(t)}{t^{N-1}} \leq \varepsilon\,[\psi(R)]^p \qquad \text{pour } R \text{ suffisamment grand.}$$

Soit $a = 1 - p$. Ainsi $a \in\,]0, \frac{N-2}{N-2+\lambda}[$. Le volume de $\Gamma(\alpha, R) = \Gamma([\rho(R)]^a, R)$ est majoré par $V_N\,[\rho(R)]^{\frac{aN}{N-2}}$ et le Corollaire 2 montre que

$$\lim_{R \to +\infty} \frac{\text{Volume de } \Gamma([\rho(R)]^a, R)}{\text{Volume de } B(O, \tfrac{R}{2})} = 0.$$

Quand $R = R_n$, on a de plus $\rho(R_n) \leq (1+\varepsilon)\,\psi(R_n)$.
D'où le résultat, avec $\Gamma_n = \Gamma([\rho(R_n)]^a, R_n)$ pour tout $n \in \mathbb{N}$.

79

Théorème 4. *Soit $u \in \mathcal{S}'_\varphi$ avec φ, ψ, Λ, p comme dans les Définitions 3 et 4. Étant donné $\tau > 0$, il existe une suite de réels positifs $(r_n)_{n \in I\!N}$ de limite $+\infty$ et une suite $(\Sigma_n)_{n \in I\!N}$ d'ensembles (chaque Σ_n contenu dans $S(O, r_n)$ $\forall n \in I\!N$) telles que :*

$$M(u, r_n) - u(x) \leq [(\Lambda + \tau)\,\psi(r_n)]^p \quad \forall n \in I\!N \quad \forall x \in S(O, r_n) \setminus \Sigma_n,$$

$$u(y) - u(x) \geq -[(\Lambda + \tau)\,\psi(r_n)]^p \quad \forall n \in I\!N \quad \forall x \in S(O, r_n) \quad \forall y \in S(O, r_n) \setminus \Sigma_n.$$

De plus l'aire relative de Σ_n sur $S(O, r_n)$ vérifie:

$$\lim_{n \to +\infty} \frac{\text{Aire de } \Sigma_n}{\sigma_N \left(r_n\right)^{N-1}} = 0.$$

Corollaire 3. *Avec φ comme dans le Lemme 6 et $N \geq 4$, on a pour toute fonction $u \in \mathcal{S}_\varphi$:*

$$M(u, r_n) - u(x) \leq \left[\frac{(\Lambda + \tau)\,b}{N - 2}\right]^{\frac{1}{N-2}} (\log r_n)^{\frac{b-1}{N-2}}\, r_n \quad \forall x \in S(O, r_n) \setminus \Sigma_n$$

pour tout n suffisamment grand.

Preuve du Corollaire 3. On a $\frac{r}{[\psi(r)]^p}$ bornée pour $1 > p \geq \frac{1}{N-2}$. Par ailleurs, on sait que $\frac{\lambda}{N-2+\lambda} < \frac{1}{N-2}$ pour tout $\lambda \in [0, 1]$. Donc, pour de tels φ et p, les Théorèmes 3 et 4 s'appliquent à chaque $u \in \mathcal{S}_\varphi$. Par exemple, avec $p = \frac{1}{N-2}$, on obtient l'estimation annoncée.

Preuve du Théorème 4. Étant donné $\varepsilon > 0$, montrons tout d'abord que: $M(u, r) \leq \varepsilon\,[\psi(r)]^p$ pour tout r suffisamment grand. Sinon, on obtiendrait comme dans la preuve du Lemme 7 une suite $(s_n)_{n \in I\!N}$ de limite $+\infty$ telle que:

$$0 \leq \varepsilon \frac{[\psi(s_n)]^p}{s_n} \leq \frac{M(u, s_n)}{s_n}$$

qui tend vers 0 quand $n \to +\infty$, d'où une contradiction.

Soit $a = 1 - p \in]0, \frac{N-2}{N-2+\lambda}[$. D'après le Corollaire 2, il existe $T \geq 0$ (dépendant de N, p et ρ, la fonction de répartition associée à u) tel que la Proposition 3 peut s'appliquer avec $\alpha = [\rho(R)]^a$ et $R > T$, assurant que

$$\frac{\text{Aire de } \Sigma([\rho(R)]^a, R)}{\text{Aire de } S(O, \frac{R}{2})} \to 0 \qquad \text{quand } R \to +\infty.$$

Étant donné $\varepsilon > 0$ tel que $[(1+\varepsilon)^p + \varepsilon]\Lambda^p + \varepsilon \le (\Lambda + \tau)^p$, soit R_n ($n \in I\!N$) défini comme dans la Proposition 2. Il existe $n_\tau \in I\!N$ tel que les inégalités suivantes aient lieu pour tout entier $n \ge n_\tau$:

$$
\begin{cases}
R_n \ge T \\[2mm]
M(u, \frac{R_n}{2}) \le \varepsilon \, [\psi(\frac{R_n}{2})]^p \\[2mm]
\psi(R_n) \le \Lambda \, \psi(\frac{R_n}{2}) \\[2mm]
-u(x) \le ((1+\varepsilon)^p + \varepsilon) \, [\psi(R_n)]^p \quad \forall x \in S(O, \frac{R_n}{2}) \setminus \Sigma([\rho(R_n)]^a, R_n)
\end{cases}
$$

d'après le Théorème 3. avec $r_n = \frac{1}{2} R_{n+n_\tau}$ et $\Sigma_n = \Sigma([\rho(R_{n+n_\tau})]^a, R_{n+n_\tau})$, on conclut comme dans la preuve du Théorème 2.

6. Une remarque technique sur le Lemme de Cartan.

Proposition 4. *Étant donnés μ, ρ, α, R et $\Gamma(\alpha, R)$ défini comme dans le Lemme de Cartan, soit δ_x désignant pour tout $x \in I\!R^N$ la distance euclidienne entre x et le support de μ. Soient*

$$
D_N = \left(1 - 2^{\frac{-1}{2N-3}}\right)^{-1}
$$

et

$$
\Delta_x = \begin{cases}
1 - 2^{\frac{-1}{2N-3}} & \text{si } \delta_x \ge (\alpha \, D_N)^{\frac{1}{N-2}} \\[3mm]
1 - 2^{\frac{-2}{2N-3}} \sqrt{\delta_x (\alpha \, D_N)^{\frac{-1}{N-2}}} & \text{si } \delta_x < (\alpha \, D_N)^{\frac{1}{N-2}}
\end{cases}
$$

Alors

$$
\int_{|\xi| \le R} \frac{d\mu(\xi)}{|x - \xi|^{N-2}} \le \frac{\Delta_x}{\alpha} \, \rho(R) \qquad \forall x \in I\!R^N \setminus \Gamma(\alpha, R).
$$

De plus le volume de $\Gamma(\alpha, R)$ est majoré par

$$
\frac{\sigma_N}{N} \, 2^{N+1} (D_N)^{\frac{2N-2}{N-2}} \, (\alpha)^{\frac{N}{N-2}} \left(1 + 2^{\frac{-1}{2N-3}} + 2^{\frac{-2}{2N-3}}\right)^{-1}.
$$

Remarque. Dans l'énoncé du Théorème 1, on peut ainsi remplacer $\frac{1}{\alpha}$ par $\frac{\Delta_x}{\alpha}$. Dans le Théorème 3, $(1+\varepsilon)^p$ se transforme en $\Delta_x\,(1+\varepsilon)^p$. Dans le Théorème 2, on peut remplacer $\frac{1+\varepsilon}{\alpha}$ respectivement par $\frac{1+\varepsilon}{\alpha}\,\Delta_x$ dans la majoration de $M(u,r_n)-u(x)$ et par $\frac{1+\varepsilon}{\alpha}\,\Delta_y$ dans la minoration de $u(y)-u(x)$. Dans le Théorème 4, ces estimations sont modifiées comme suit:

$$M(u,r_n)-u(x) \leq \Delta_x[(\Lambda+\tau)\,\psi(r_n)]^p$$

et

$$u(y)-u(x) \geq -\Delta_y[(\Lambda+\tau)\,\psi(r_n)]^p.$$

Plus précisément: étant donné $\tau > 0$, il existe $\varepsilon > 0$ tel que

$$[\Delta_z(1+\varepsilon)^p+\varepsilon]\Lambda^p+\varepsilon \leq \Delta_z(\Lambda+\tau)^p$$

avec ε indépendant de z, puisque $\Delta_z \geq 1-2^{\frac{-1}{2N-3}}=1/D_N \;\forall z \in \mathbb{R}^N$.

Preuve de la Proposition 4. Tout au long de cette preuve, μ est restreinte à la boule $B(O,R)$. Pour tout ensemble mesurable E, on notera $\mu(E)$ au lieu de $\mu\,(E \cap B(O,R))$. Pour cette variante du Lemme de Cartan, les premières étapes sont inspirées de la preuve dans [29, p.132].

Soit $\beta=\alpha\,D_N\,2^{\frac{(N-2)(2N-1)}{2N-3}}$. Pour chaque $i \in \mathbb{N}^*$, la preuve dans [29] donne un nombre maximal n_i ($\leq 2^i$) de boules fermées mutuellement disjointes $B_{i,j}=B(x_{i,j},\frac{1}{2}t_i)$, avec $j \in \{1,2,...,n_i\}$, de rayons $\frac{1}{2}t_i$ et centres $x_{i,j}$ telles que

$$t_i=\beta^{\frac{1}{N-2}}\,2^{\frac{-2i}{2N-3}}=(\alpha\,D_N)^{\frac{1}{N-2}}\,2^{\frac{2N-1-2i}{2N-3}}$$

et $\mu(B_{i,j}) \geq \rho(R)\,2^{-i}$. Ainsi

$$\sum_{i=1}^{+\infty}\sum_{j=1}^{n_i}(t_i)^{N-1} \leq \beta^{\frac{N-1}{N-2}}\,2^{\frac{-1}{2N-3}}\,D_N.$$

Soit x un point situé à l'extérieur de toutes ces boules $B(x_{i,j},t_i)$, on a alors: $\mu\left(B(x,\frac{1}{2}t_i)\right) < \rho(R)\,2^{-i} \;\forall i \in \mathbb{N}^*$ (voir [29, p.132]). Maintenant, $\mu\left(B(x,t)\right)=0$ si $t < \delta_x$. Soit i_x le premier entier $i \in \mathbb{N}$ tel que $\frac{1}{2}t_{i+1} \leq \delta_x$,

82

avec $i_x = +\infty$ si $\delta_x = 0$. D'où:

$$\int_{|\xi| \leq R} \frac{d\mu(\xi)}{|x - \xi|^{N-2}}$$

$$= \int_{\substack{|\xi| \leq R \\ |x-\xi| \geq \frac{1}{2} t_1}} \frac{d\mu(\xi)}{|x - \xi|^{N-2}} + \sum_{i=1}^{i_x} \int_{\substack{|\xi| \leq R \\ \frac{1}{2} t_{i+1} \leq |x-\xi| < \frac{1}{2} t_i}} \frac{d\mu(\xi)}{|x - \xi|^{N-2}}$$

$$\leq \sum_{i=0}^{i_x} 2^{N-2} (t_{i+1})^{2-N} \rho(R) \, 2^{-i}$$

$$= 2^{N-2} \frac{\rho(R)}{\beta} \sum_{i=0}^{i_x} 2^{-i} \, 2^{\frac{2(N-2)}{2N-3}(i+1)}$$

$$= 2^{N-2} \frac{\rho(R)}{\beta} \, 2^{\frac{2(N-2)}{2N-3}} \sum_{i=0}^{i_x} 2^{\frac{-i}{2N-3}}$$

$$= \frac{\rho(R)}{\beta} \, 2^{\frac{(N-2)(2N-1)}{2N-3}} \frac{1 - 2^{-\frac{i_x+1}{2N-3}}}{1 - 2^{\frac{-1}{2N-3}}}$$

$$= \frac{\rho(R)}{\alpha} \left(1 - 2^{-\frac{i_x+1}{2N-3}} \right).$$

Le résultat est trivial quand $\delta_x = 0$ (avec le même majorant que dans le Lemme 5). Le cas $i_x = 0$ correspond à $\delta_x \geq \frac{1}{2} t_1 = (\alpha \, D_N)^{\frac{1}{N-2}}$.
Quand $\delta_x < \frac{1}{2} t_1$, on a :

$$\delta_x < \frac{1}{2} t_{i_x} = (\alpha \, D_N)^{\frac{1}{N-2}} \, 2^{\frac{2N-1-2\,i_x-(2N-3)}{2N-3}}$$

$$= (\alpha \, D_N)^{\frac{1}{N-2}} \, 2^{\frac{4-2(i_x+1)}{2N-3}}.$$

D'où

$$2^{-\frac{i_x+1}{2N-3}} > 2^{-\frac{2}{2N-3}} \sqrt{\delta_x (\alpha \, D_N)^{\frac{-1}{N-2}}}.$$

Chaque boule $B(x_{i,j}, t_i)$ a pour volume: $\frac{\sigma_N}{N} t_i^N$. Finalement

$$
\begin{aligned}
\sum_{i=1}^{+\infty} \sum_{j=1}^{n_i} (t_i)^N \ &\leq \beta^{\frac{N}{N-2}} \sum_{i=1}^{+\infty} 2^{-\frac{2Ni}{2N-3}+i} \\
&= \beta^{\frac{N}{N-2}} \sum_{i=1}^{+\infty} 2^{\frac{-3i}{2N-3}} \\
&= (\alpha\, D_N)^{\frac{N}{N-2}}\ 2^{\frac{N(2N-1)}{2N-3}}\ \frac{2^{\frac{-3}{2N-3}}}{1 - 2^{\frac{-3}{2N-3}}} \\
&= (\alpha\, D_N)^{\frac{N}{N-2}}\ \frac{2^{\frac{N(2N-1)-3}{2N-3}}}{\left(1 - 2^{\frac{-1}{2N-3}}\right)\left(1 + 2^{\frac{-1}{2N-3}} + 2^{\frac{-2}{2N-3}}\right)} \\
&= \alpha^{\frac{N}{N-2}} (D_N)^{\frac{N}{N-2}+1}\ \frac{2^{N+1}}{1 + 2^{\frac{-1}{2N-3}} + 2^{\frac{-2}{2N-3}}}
\end{aligned}
$$

puisque $N(2N-1) - 3 = (2N-3)(N+1)$.

CHAPITRE IV

FONCTIONS ENTIÈRES DANS $\mathbb{C}^N$
À CROISSANCE EXPONENTIELLE

1. Introduction.

Le théorème de Carlson pour les fonctions entières dans $\mathbb{C}$ de type exponentiel $< \pi$ a donné lieu à diverses généralisations. Il fait intervenir des fonctions entières f telles que

$$(1) \qquad\qquad |f(z)| \leq C\, e^{\tau|z|} \qquad\qquad \text{pour chaque } z \in \mathbb{C}$$

où $C > 0$ et $0 < \tau < \pi$ sont deux constantes. Ce théorème affirme qu'une telle fonction f est identiquement nulle dans $\mathbb{C}$ dès que $f(n) = 0$ pour chaque $n \in \mathbb{N}$ (voir [14, 36]). Ce théorème d'unicité s'étend aux fonctions entières dans $\mathbb{C}^N$ (voir [9, 27]) et aux fonctions harmoniques dans $\mathbb{R}^N$ (voir [8]) qui s'annulent sur $\mathbb{N}^N$ et ont une croissance exponentielle.

Dans le cas $N = 1$, [15] étudie la situation suivante

Théorème I ([15]). *Une fonction f entière dans $\mathbb{C}$, de type exponentiel $< \pi$, dont la partie réelle s'annule sur $\mathbb{Z}$ et $\mathbb{Z} + i$, est constante: $f \equiv ib$ ($b \in \mathbb{R}$).*

Puisque la conclusion n'est pas "$f \equiv 0$ dans $\mathbb{C}$", le Théorème I n'est pas à proprement parler un théorème d'unicité pour f mais plutôt pour la fonction $\frac{1}{2}(f + \overline{f})$, avec $\overline{f}$ définie par $\overline{f}(z) = \overline{f(\overline{z})}\ \forall z \in \mathbb{C}$. C'est pourquoi les conditions "$\Re e\, f(n) = \Re e\, f(n + i) = 0 \quad \forall n \in \mathbb{Z}$" seront néanmoins appelées *conditions d'unicité*.

Le Théorème I peut aussi être lu comme un théorème d'unicité pour *fonctions harmoniques* de deux variables où les conditions d'unicité portent sur un réseau de points de deux droites parallèles de $\mathbb{C} \simeq \mathbb{R}^2$. Plus précisément: $\mathbb{Z} \times \{0, k\}$ est un ensemble d'unicité pour les fonctions harmoniques dans $\mathbb{R}^2$ de type exponentiel $< \pi/k$ avec $k \in \mathbb{N}$ (voir [15]). Pour une version où les conditions d'unicité portent sur un réseau de points sur deux droites non parallèles, voir [15, 33]

En privilégiant la lecture en termes de *fonctions harmoniques*, le Théorème I est le point de départ de plusieurs travaux sur l'interpolation des fonctions harmoniques dans $\mathbb{R}^2$: voir [3, 18, 19, 20, 42, 49]. Le Théorème I s'étend aux fonctions harmoniques dans $\mathbb{R}^N$ où les conditions d'unicité portent sur un réseau de points sur deux hyperplans parallèles: voir [43, 49, 66].

En favorisant plutôt la lecture du Théorème I en termes de *partie réelle de fonctions entières*, [59] étudie le cas de fonctions entières de deux variables. Ce résultat reste bien sûr valable pour des fonctions entières de N variables, $N \geq 2$:

Théorème II ([59]). *Soit f une fonction entière dans $\mathbb{C}^2$, avec pour croissance:*

$$(2) \qquad |f(z_1, z_2)| \leq C\, e^{\tau(|z_1| + |z_2|)} \qquad\qquad \forall (z_1, z_2) \in \mathbb{C}^2$$

pour certaines constantes $C > 0$ et $0 < \tau < \pi$.
Si la partie réelle de f s'annule sur $\mathbb{Z}^2$ et $(\mathbb{Z} + i)^2$, alors la fonction f est identiquement nulle dans $\mathbb{C}^2$, pourvu que:
(i) la restriction de f à $\mathbb{R}^2$ appartient à $L^2(\mathbb{R}^2)$

(ii) $\displaystyle\sum_{(n_1, n_2) \in \mathbb{Z}^2} |f(n_1, n_2)| < +\infty.$

Les hypothèses (i) et (ii) sont requises par l'interpolation

$$f(z_1, z_2) = \sum_{(n_1, n_2) \in \mathbb{Z}^2} f(n_1, n_2)\, \frac{\sin \pi(z_1 - n_1)}{\pi(z_1 - n_1)}\, \frac{\sin \pi(z_2 - n_2)}{\pi(z_2 - n_2)}$$

(voir aussi [63])

Ici, avec la technique des fonctionnelles analytiques, il apparaît que la conclusion du Théorème II est encore valable sans (i) et que (ii) peut être affaiblie: voir Théorème 3 ci–dessous. De plus, les fonctionnelles analytiques permettent aussi d'inclure des situations où les nombres $f(n_1, n_2)$ satisfont des relations de récurrence d'ordre infini (Théorème 4) ou affichent certaines valeurs prescrites (Théorème 6).

2. Énoncé des résultats.

Notation. *Pour tout* $\gamma = (\gamma_1, \gamma_2, \ldots, \gamma_N) \in (\mathbb{C}^*)^N$, *soit* M_γ *la matrice de format* $N \times N$:

$$M_\gamma = \begin{pmatrix} \gamma_1 & \gamma_2 & \cdots & \cdots & \gamma_N \\ 0 & \gamma_2 & 0 & \cdots & 0 \\ \vdots & \ddots & \ddots & \ddots & \vdots \\ \vdots & & \ddots & \ddots & 0 \\ 0 & \cdots & \cdots & 0 & \gamma_N \end{pmatrix}$$

et

$$M_\gamma^{-1} = \begin{pmatrix} \gamma_1^{-1} & -\gamma_1^{-1} & \cdots & \cdots & -\gamma_1^{-1} \\ 0 & \gamma_2^{-1} & 0 & \cdots & 0 \\ \vdots & \ddots & \ddots & \ddots & \vdots \\ \vdots & & \ddots & \ddots & 0 \\ 0 & \cdots & \cdots & 0 & \gamma_N^{-1} \end{pmatrix}$$

Pour tout compact $K \subset \mathbb{C}^N$, *soit* $M_\gamma K = \{M_\gamma \zeta : \zeta \in K\}$. *On note* $I_{K,\gamma}$ *l'ensemble des* $k \in \mathbb{Z}$ *tels que l'hyperplan* $\{\zeta \in \mathbb{C}^N : \langle \gamma, \zeta \rangle = k\pi\}$ *intersecte le compact* K, *avec la notation* $\langle \gamma, \zeta \rangle = \gamma_1 \zeta_1 + \ldots + \gamma_N \zeta_N$.

La fonction d'appui H_K *de* K *est définie par:*

$$H_K(z) = \max_{\zeta \in K} \Re e \, \langle z, \zeta \rangle \qquad \forall z \in \mathbb{C}^N.$$

Étant donnée $||\,.\,||$ *une norme dans* $\mathbb{C}^N$, *soit* $Exp(\mathbb{C}^N, K)$ *l'espace des fonctions entières* f *dans* $\mathbb{C}^N$ *satisfaisant:*

$$\forall \varepsilon > 0, \quad \exists C_\varepsilon > 0 \text{ telle que:} \quad |f(z)| \leq C_\varepsilon \, e^{H_K(z) + \varepsilon ||z||} \qquad \forall z \in \mathbb{C}^N.$$

Pour chaque fonction h, *entière dans* $\mathbb{C}^N$, *soit* $\overline{h}$ *la fonction entière définie par:*

$$\overline{h}(z) = \overline{h(\overline{z_1}, \ldots, \overline{z_N})} \qquad \forall z \in \mathbb{C}^N.$$

Pour les fonctions entières h *dans* $\mathbb{C}^{N-1}$, *on définit* $\overline{h}$ *de façon similaire.*

Théorème 1. *Soient* $\alpha \in (\mathbb{C} \setminus \mathbb{R})^N$ *($N \geq 2$) et* K *un ensemble compact convexe (non–vide) contenu dans* U^N, *où* $U = \{u \in \mathbb{C} : |\Im m\, u| < \pi\}$. *On note* $\gamma = (\Im m\, \alpha_1, ..., \Im m\, \alpha_N) \in (\mathbb{R}^*)^N$. *Les fonctions* $f \in Exp(\mathbb{C}^N, K)$ *telles que*

$$(3) \qquad \Re e\, f(\mu) = \Re e\, f(\mu + \alpha) = 0 \qquad \forall \mu \in \mathbb{N}^N$$

sont les fonctions:

$$(4) \qquad f(z) = \sum_{k \in I_{K,\gamma}} A_k \left(\frac{z_2}{\gamma_2} - \frac{z_1}{\gamma_1}, \ldots, \frac{z_N}{\gamma_N} - \frac{z_1}{\gamma_1} \right) e^{k\pi z_1/\gamma_1} \qquad \forall z \in \mathbb{C}^N$$

où les fonctions $A_k \in Exp(\mathbb{C}^{N-1}, L_k)$ *satisfont* $A_k = -\overline{A_k}$, *avec des ensembles compacts* $L_k \subset \mathbb{C}^{N-1}$ *tels que* $\{k\pi\} \times L_k \subset M_\gamma K$. *Si* $I_{K,\gamma} = \emptyset$, *alors* $f \equiv 0$ *dans* $\mathbb{C}^N$. *Si* $I_{K,\gamma} = \{0\}$, *alors les fonctions* f *se réduisent à:*

$$(5) \qquad f(z) = A \left(\frac{z_2}{\gamma_2} - \frac{z_1}{\gamma_1}, \ldots, \frac{z_N}{\gamma_N} - \frac{z_1}{\gamma_1} \right) \qquad \forall z \in \mathbb{C}^N,$$

avec des fonctions $A \in Exp(\mathbb{C}^{N-1}, L)$ *satisfaisant* $\overline{A} = -A$ *et des ensembles compacts* $L \subset \mathbb{C}^{N-1}$ *tels que* $\{0\} \times L \subset M_\gamma K$.

Comme situation où $I_{K,\gamma} = \{0\}$, *on a par exemple:*

Théorème 2. *Soient* K, α *et* γ *définis comme dans le Théorème 1. Supposons que* K *est stable sous les applications* $\zeta \mapsto \lambda \zeta$ *pour tout* $\lambda \in \mathbb{C}$ *($|\lambda| \leq 1$) et que sa fonction d'appui* H_K *satisfait* $H_K(\gamma) < \pi$. *Alors les fonctions* $f \in Exp(\mathbb{C}^N, K)$ *satisfaisant* (3) *sont les fonctions* (5).

Ce résultat s'applique en particulier aux fonctions entières f *avec une croissance de la forme:*

$$|f(z)| \leq C\, e^{\tau_1|z_1|+...+\tau_N|z_N|} \qquad \forall z \in \mathbb{C}^N,$$

où les constantes $C > 0$, $\tau_1 > 0$, $\ldots, \tau_N > 0$ *satisfont* $\displaystyle\sum_{1 \leq j \leq N} \tau_j |\gamma_j| < \pi$.

Comme situation où $I_{K,\gamma} \neq \{0\}$, *on a:*

Théorème 3. *Soient* K, α *et* γ *définis comme dans le Théorème 1. Supposons que* $0 \in I_{K,\gamma}$. *Les fonctions* $f \in Exp(\mathbb{C}^N, K)$ *telles que*

(3) $\Re e\, f(\mu) = \Re e\, f(\mu + \alpha) = 0$ *pour chaque* $\mu \in \mathbb{N}^N$

(6) *pour tout* $\nu = (0, \nu_2, \ldots, \nu_N) \in \{0\} \times \mathbb{N}^{N-1}$, *dans chacun des deux cas* $t \to +\infty$ *et* $t \to -\infty$, *la fonction* $|f(\nu + t\gamma)|$ *ne tend pas tend vers* $+\infty$,

sont les fonctions de la forme (5) *ci–dessus.*

Sous l'hypothèse supplémentaire que l'ensemble $\{f(\nu+t\gamma) : t \in \pmb{C}\}$ contient 0 (au moins dans son adhérence) pour tout $\nu = (0, \nu_2, \ldots, \nu_N) \in \{0\} \times \pmb{IN}^{N-1}$, alors $f \equiv 0$ dans $\pmb{C}^N$.

Quand $0 \notin I_{K,\gamma} \neq \emptyset$: si la fonction $f \in Exp(\pmb{C}^N, K)$ satisfait (3) et (6) alors elle est identiquement nulle dans $\pmb{C}^N$.

Les Théorèmes I et II apparaissent comme des cas particuliers des résultats précédents:

• quand $N = 2$, ces résultats incluent le Théorème II ([59]): pour $\alpha = (i, i)$, $\gamma = (1, 1)$ et K le polydisque $B^2 = \{(\zeta_1, \zeta_2) : |\zeta_i| \leq \tau < \pi\} \subset U^2$. Notons que $0 \in I_{K,\gamma} \subset \{-1, 0, 1\}$. L'hypothèse (6) "pour chaque $n_2 \in \pmb{IN}$, dans chacun des deux cas $t \to +\infty$ et $t \to -\infty$, la fonction $|f(t, n_2 + t)|$ ne tend pas vers $+\infty$" est satisfaite, car la série

$$\sum_{n_1 \in \pmb{Z}} |f(n_1, n_2 + n_1)|$$

converge, par conséquent $f(n_1, n_2 + n_1) \to 0$ quand $n_1 \to +\infty$ (idem quand $n_1 \to -\infty$). De plus l'ensemble $\{|f(t, n_2 + t)| : t \in \pmb{C}\}$ contient 0 dans son adhérence. Par conséquent $f \equiv 0$ dans $\pmb{C}^2$.

• quand $N = 1$, le Théorème 3 est toujours valable et l'hypothèse (6) devient: "dans chacun des deux cas $t \to +\infty$ et $t \to -\infty$, la fonction $|f(t\gamma)|$ ne tend pas vers $+\infty$". D'après le Théorème 2, la condition (6) peut même être suppimée quand l'ensemble compact K est un disque $\{u \in \pmb{C} : |u| \leq \tau < \pi\}$ (c'est-à-dire quand la croissance de f est de la forme (1), avec $\tau < \pi$) et $|\gamma|\tau < \pi$. Les fonctions A dans (5) sont maintenant constantes. Avec $\gamma = 1$ on inclut ainsi le Théorème I.

Remarque. En (3), les nombres $r_\mu = \Re f(\mu)$ et $s_\mu = \Re f(\mu + \alpha)$ sont autorisés à satisfaire des relations plus générales que $r_\mu = s_\mu = 0 \; \forall \mu \in \pmb{IN}^N$. Par exemple, ils peuvent satisfaire des relations de récurrence (éventuellement d'ordre infini) telles que:

$$\sum_{\nu \in \pmb{IN}^N} a_\nu \, r_{\nu+\mu} = \sum_{\nu \in \pmb{IN}^N} b_\nu \, s_{\nu+\mu} = 0 \qquad \forall \mu \in \pmb{IN}^N,$$

où les fonctions :

$$\zeta \mapsto \sum_{\nu \in \pmb{IN}^N} a_\nu \, e^{\langle \nu, \zeta \rangle} \qquad \text{et} \qquad \zeta \mapsto \sum_{\nu \in \pmb{IN}^N} b_\nu \, e^{\langle \nu, \zeta \rangle}$$

sont holomorphes dans un voisinage de $Conv(K \cup \overline{K})$ et ne s'annulent en aucun point de $Conv(K \cup \overline{K})$. Ici, $Conv(K \cup \overline{K})$ désigne l'enveloppe convexe de $K \cup \overline{K}$, avec $\overline{K} = \{z : (\overline{z_1}, \ldots, \overline{z_N}) \in K\}$.

Les fonctionnelles analytiques fournissent une expression naturelle pour de telles relations. On renvoie au paragraphe 3 pour plus de précisions au sujet des fonctionnelles analytiques T et la transformation de Fourier–Borel $\mathcal{FB}$.

Définition 1. *Étant donnée une fonction φ(non–identiquement nulle), holomorphe dans un voisinage d'un ensemble compact convexe K, soit*

$$\varphi(D): \quad Exp(\mathbb{C}^N, K) \quad \to \quad Exp(\mathbb{C}^N, K)$$

$$f \quad \mapsto \quad \varphi(D)f = \mathcal{FB}(\varphi T) \qquad \text{où } T = \mathcal{FB}^{-1}(f).$$

Cette notation $\varphi(D)$ se justifiera dans un exemple au début du paragraphe 4.

Notation. *Pour toute $f \in Exp(\mathbb{C}^N, K)$ et tout $\alpha \in \mathbb{C}^N$, soit f_0 et f_α les fonctions de $Exp(\mathbb{C}^N, K \cup \overline{K})$ définies par*

$$f_0 : z \mapsto \tfrac{1}{2}\left[f(z) + \overline{f}(z)\right] \qquad et \qquad f_\alpha : z \mapsto \tfrac{1}{2}\left[f(z+\alpha) + \overline{f}(z+\overline{\alpha})\right].$$

Théorème 4. *Soient K, α, γ définis comme dans le Théorème 1. Soient φ et ψ deux fonctions holomorphes dans un voisinage de $Conv(K \cup \overline{K})$ qui ne s'annulent en aucun point de $Conv(K \cup \overline{K})$.*
Les fonctions $f \in Exp(\mathbb{C}^N, K)$ telles que:

(7) $\qquad [\varphi(D)f_0](\mu) = [\psi(D)f_\alpha](\mu) = 0$ *pour chaque $\mu \in \mathbb{N}^N$*

sont les fonctions de la forme (4).

Quand $0 \in I_{K,\gamma} \neq \{0\}$, les fonctions $f \in Exp(\mathbb{C}^N, K)$ satisfaisant (6) et (7) sont les fonctions (5).

Quand $0 \notin I_{K,\gamma} \neq \emptyset$: si $f \in Exp(\mathbb{C}^N, K)$ satisfait (6) et (7) alors $f \equiv 0$.

Ces résultats se déduiront du Théorème 5 ci–dessous. On renvoie au paragraphe 3 pour les définitions des fonctionnelles analytiques $\overline{T}$, $T^{M_\gamma^{-1}}$ et $T \times S$.

Théorème 5. *Soient K un ensemble convexe compact de $\mathbb{C}^N$ et $\gamma \in (\mathbb{C}^*)^N$. Alors les fonctionnelles analytiques T portables par K solutions de l'équation $(e^{2i\langle\gamma,\zeta\rangle} - 1)T_\zeta = 0$ sont:*

$$T = \sum_{k \in I_{K,\gamma}} (\delta_{k\pi} \times B_k)^{M_\gamma^{-1}}$$

où $\delta_{k\pi}$ est la masse de Dirac au point $k\pi \in \mathbb{C}$ et les B_k sont des fonctionnelles analytiques portables par des compacts $L_k \subset \mathbb{C}^{N-1}$ tels que $\{k\pi\} \times L_k \subset M_\gamma K$. Si $I_{K,\gamma} = \emptyset$, alors $T = 0$.
Supposons $\gamma \in (\mathbb{R}^*)^N$. Si les fonctionnelles analytiques T sont de plus astreintes à satisfaire $T = -\overline{T}$, alors les fonctionnelles B_k correspondantes satisfont également $B_k = -\overline{B_k}$ pour tout $k \in I_{K,\gamma}$.

Le paragraphe 4 présente quelques applications de l'opérateur $\varphi(D)$ aux équations de la forme $f(z+1) - f(z) = b(z)$ dans l'espace des fonctions entières à croissance exponentielle, étudiées précédemment par [14, 16, 65]. Ceci permet d'étudier le cas où les nombres r_μ et s_μ affichent des valeurs données, ce qui conduit à une généralisation du Théorème 1:

Théorème 6. *Soient K, α, γ définis comme dans le Théorème 1. Supposons que $K = M_\gamma^{-1}(K' \times K'')$ et $\overline{K} = K$, avec K' et K'' des ensembles compacts de $\mathbb{C}$ et $\mathbb{C}^{N-1}$ respectivement. Soient a et $b \in Exp(\mathbb{C}^N, K)$ telles que $\overline{a} = a$ et $\overline{b} = b$.*
Les fonctions $f \in Exp(\mathbb{C}^N, K)$ telles que $\Re f(\mu) = a(\mu)$ et $\Re f(\mu+\alpha) = b(\mu)$ pour tout $\mu \in \mathbb{N}^N$ sont les fonctions obtenues à partir des fonctions de la forme (4) en leur ajoutant la fonction:

$$
z \mapsto \quad 2\left\langle B_\zeta \,,\, e^{\langle z,\zeta\rangle} \frac{1 - Q_{z_1/\gamma_1}(\langle\gamma,\zeta\rangle)\, e^{-\langle\gamma,\zeta\rangle z_1/\gamma_1}}{e^{\langle\alpha,\zeta\rangle} - e^{\langle\overline{\alpha},\zeta\rangle}} \right\rangle
$$

$$
+ 2\left\langle A_\zeta \,,\, e^{\langle z,\zeta\rangle} \frac{1 - Q_{z_1/\gamma_1}(\langle\gamma,\zeta\rangle)\, e^{-\langle\gamma,\zeta\rangle z_1/\gamma_1}}{1 - e^{2i\langle\gamma,\zeta\rangle}} \right\rangle
$$

$$
+ \left\langle A_\zeta, e^{\langle z,\zeta\rangle}\, Q_{z_1/\gamma_1}(\langle\gamma,\zeta\rangle)\, e^{-\langle\gamma,\zeta\rangle z_1/\gamma_1} \right\rangle
$$

où $A = \mathcal{FB}^{-1}(a)$ et $B = \mathcal{FB}^{-1}(b)$ sont les fonctionnelles analytiques dont les transformées de Fourier–Borel sont a et b respectivement et $Q_u(v)$ est le polynôme d'interpolation de Lagrange de la fonction $v \mapsto e^{uv}$ $(u, v \in \mathbb{C})$, interpolée aux points $v = k\pi$, avec $k \in I_{K,\gamma}$.

Le chapitre est organisé comme suit:
– le paragraphe 3 rassemble divers résultats sur les fonctionnelles analytiques et la transformation de Fourier–Borel.
– le paragraphe 4 est consacré à l'opérateur $\varphi(D)$ introduit en Définition 1.
– on développe les preuves des Théorèmes 1 à 6 dans les paragraphes 5 à 7.

Tout au long du chapitre, les théorèmes numérotés en chiffres arabes sont des résultats établis en [54], tandis que les théorèmes numérotés en chiffres romains sont des résultats d'autres auteurs, cités ici en guise de références.

Dans un domaine différent, l'ultime partie de ce chapitre (le paragraphe 8) présentera une autre utilisation des fonctionnelles analytiques: il s'agit d'une application à un problème d'accélération de convergence pour séries entières, étudié en [51].

3. Fonctionnelles analytiques.

Notation. *Soit $\mathcal{H}(\mathbb{C}^N)$ l'espace des fonctions entières dans $\mathbb{C}^N$, équipé de la topologie de la convergence uniforme sur tout compact de $\mathbb{C}^N$.*

Définition 2. *On appelle "fonctionnelles analytiques" les formes linéaires $T : \mathcal{H}(\mathbb{C}^N) \to \mathbb{C}$ continues sur cet espace.*

Définition 3. *Étant donné un compact (non–vide) K de $\mathbb{C}^N$, une fonctionnelle analytique T est dite portable par K si, pour chaque voisinage (relativement compact) V de K, il existe une constante $C_V > 0$ telle que:*

$$|\langle T, h \rangle| \leq C_V \sup_V |h| \qquad \forall h \in \mathcal{H}(\mathbb{C}^N).$$

On note $\mathcal{H}'(K)$ l'espace des fonctionnelles analytiques portables par K, écrit $\mathcal{H}'_N(K)$ dans les contextes où il y a quelque ambiguïté sur la dimension.

Pour plus de détails sur les fonctionnelles analytiques et sur la transformation de Fourier–Borel qui sera définie plus bas, voir [9, 22, 30, 31, 35, 38] et [36] dans le cas $N = 1$.
On pourra y trouver diverses informations complémentaires, comme par exemple: étant donné un voisinage ouvert V de K, toute fonctionnelle analytique portable par K est prolongeable en une forme linéaire continue sur

$\mathcal{H}(V)$ (l'espace des fonctions holomorphes dans V, équipé de la topologie de la convergence uniforme sur tout compact de V).

Ce prolongement est unique pourvu que V soit un domaine de Runge. Par ailleurs, un ensemble compact *convexe* possède un système de voisinages qui sont des domaines de Runge.

• Sur l'espace des fonctionnelles analytiques, on va maintenant définir une opération de *multiplication par une fonction holomorphe*:

Définition 4. *Étant données $T \in \mathcal{H}'(K)$ et $\varphi \in \mathcal{H}(V)$ où K est un compact convexe de $\mathbb{C}^N$ et V un voisinage (domaine de Runge) de K, le produit φT est la forme linéaire $\varphi T : \mathcal{H}(\mathbb{C}^N) \to \mathbb{C}$ définie par: $\langle \varphi T, h \rangle = \langle T, \varphi h \rangle$ pour toute $h \in \mathcal{H}(\mathbb{C}^N)$. Ici T est identifiée dans le membre de droite avec son (unique) prolongement à $\mathcal{H}(V)$.*

Lemme 1. *Avec K et φ définis comme ci–dessus, alors $\varphi T \in \mathcal{H}'(K)$ pour toute $T \in \mathcal{H}'(K)$. Soit $B \in \mathcal{H}'(K)$, on a:*

(i) si φ ne s'annule en aucun point de K, alors il existe une unique fonctionnelle analytique $T \in \mathcal{H}'(K)$ telle que $\varphi T = B$. Elle est donnée par $T = \frac{1}{\varphi} B$.

(ii) dans le cas $N = 1$, soient $\alpha \in K$ et $\varphi(\zeta) = \zeta - \alpha$. Les fonctionnelles analytiques $T \in \mathcal{H}'_1(K)$ telles que $\varphi T = B$ sont: $T = \lambda \delta_\alpha + \theta_\alpha B$, où $\lambda \in \mathbb{C}$, δ_α est la masse de Dirac en α, la fonctionnelle analytique $\theta_\alpha B$ est définie par $\langle \theta_\alpha B, h \rangle = \langle B, \theta_\alpha h \rangle$ pour toute $h \in \mathcal{H}(\mathbb{C})$ et la fonction entière $\theta_\alpha h$ par

$$(\theta_\alpha h)(\zeta) = \frac{h(\zeta) - h(\alpha)}{\zeta - \alpha} \qquad \forall \zeta \neq \alpha$$

et $(\theta_\alpha h)(\alpha) = h'(\alpha)$.

Les preuves des Lemmes 1 à 4 seront laissées au soin du lecteur.

Remarque sur (i): quand $K \subset U^N$, l'article [9] fournit une représentation intégrale pour $\frac{1}{\varphi} B$.

Remarque sur (ii): pour $\varphi(\zeta) = (\zeta - \alpha)(\zeta - \beta)$ $(\alpha, \beta \in K)$, les solutions de $\varphi T = B$ sont $T = \mu \delta_\beta + \lambda \theta_\beta \delta_\alpha + \theta_\beta \theta_\alpha B$ $(\lambda, \mu \in \mathbb{C})$ avec $\theta_\beta \delta_\alpha = -\delta'_\alpha$ si $\beta = \alpha$ (pour la dérivée de δ_α, voir les notations du Lemme 5) et $\theta_\beta \delta_\alpha = \frac{1}{\beta - \alpha}(\delta_\beta - \delta_\alpha)$ si $\beta \neq \alpha$.

• On va présenter maintenant une autre opération sur les fonctionnelles analytiques: la *composition par une matrice M de format $N \times N$ à coefficients dans $\mathbb{C}$*.

Notation. *Pour chaque $z = (z_1, \ldots, z_N) \in \mathbb{C}^N$ et chaque $E \subset \mathbb{C}^N$, on note*
$$\overline{z} = (\overline{z_1}, \ldots, \overline{z_N}), \qquad \overline{E} = \{\overline{z} : z \in E\} \quad \text{et} \quad ME = \{Mz : z \in E\}.$$
Pour toute fonction φ définie sur E, soit $\overline{\varphi}$ la fonction définie sur $\overline{E}$ par: $\overline{\varphi}(z) = \overline{\varphi(\overline{z})}$ pour tout $z \in \overline{E}$. Pour toute fonction φ définie sur ME, soit φ^M définie sur E par $\varphi^M : z \mapsto \varphi(Mz)$.

Remarques. a) Par exemple, avec $h(z) = e^{\langle \alpha, z \rangle}$ ($\alpha \in \mathbb{C}^N$), on a $\overline{h}(z) = e^{\langle \overline{\alpha}, z \rangle}$.

b) Si φ se développe autour de l'origine selon
$$\varphi(z) = \sum_{\nu \in \mathbb{N}^N} a_\nu \, z^\nu \qquad \text{où } a_\nu \in \mathbb{C},$$
alors $\overline{\varphi}$ a pour développement de Taylor:
$$\overline{\varphi}(z) = \sum_{\nu \in \mathbb{N}^N} \overline{a_\nu} \, z^\nu.$$
en notant $z^\nu = z_1^{\nu_1} \ldots z_N^{\nu_N} \; \forall \nu = (\nu_1, \ldots, \nu_N) \in \mathbb{N}^N$.

c) Si $h \in \mathcal{H}(\mathbb{C}^N)$, alors $\overline{h} \in \mathcal{H}(\mathbb{C}^N)$ et $\frac{1}{2}(h + \overline{h}) \in \mathcal{H}(\mathbb{C}^N)$ coïncide sur $\mathbb{R}^N$ avec $\Re e\, h$.

d) Pour une fonction φ holomorphe dans un voisinage de ME, notons que la fonction φ^M est holomorphe dans un voisinage de E.

Définition 5. *Étant donnée une fonctionnelle analytique T, on considère les formes linéaires $\overline{T} : \mathcal{H}(\mathbb{C}^N) \to \mathbb{C}$ et $T^M : \mathcal{H}(\mathbb{C}^N) \to \mathbb{C}$ définies par: $\langle \overline{T}, h \rangle = \overline{\langle T, \overline{h} \rangle}$ et $\langle T^M, h \rangle = \langle T, h^M \rangle$ pour toute $h \in \mathcal{H}(\mathbb{C}^N)$.*

Lemme 2. *(i) $\overline{T}$ et T^M sont des fonctionnelles analytiques et, de plus, si $T \in \mathcal{H}'(K)$ avec K un compact de $\mathbb{C}^N$, alors $\overline{T} \in \mathcal{H}'(\overline{K})$ et $T^M \in \mathcal{H}'(MK)$;*

(ii) on a $\overline{h}^M = \overline{h^{\overline{M}}}$ et $\overline{T^M} = \overline{T}^{\overline{M}}$, où $\overline{M}$ représente la matrice de format $N \times N$ dans laquelle chaque coefficient est le conjugué du coefficient correspondant de M;

(iii) si $T \in \mathcal{H}'(K)$ avec K un compact convexe dans $\mathbb{C}^N$, alors $\overline{\varphi T} = \overline{\varphi}\,\overline{T}$ pour toute fonction φ holomorphe dans un voisinage de K et $(\varphi^M T)^M = \varphi T^M$ pour toute fonction φ holomorphe dans un voisinage de MK;

(iv) si M est inversible, on a $(h^M)^{M^{-1}} = h$ et $(T^M)^{M^{-1}} = T$.

• Explicitons maintenant le lien entretenu par les fonctionnelles analytiques avec les fonctions entières à croissance exponentielle.

Définition 6. *La transformée de Fourier–Borel d'une fonctionnelle analytique T est la fonction entière, notée $\widehat{T}$ or $\mathcal{FB}(T)$, définie par:*

$$\widehat{T}(z) = \langle T_\zeta, e^{\langle z, \zeta \rangle} \rangle \qquad \forall z \in \mathbb{C}^N,$$

avec $\langle z, \zeta \rangle = \displaystyle\sum_{1 \leq j \leq N} z_j\, \zeta_j$ (voir par exemple [9, 30, 35, 38]).

En cas d'ambiguïté sur la dimension, on notera cette fonction $\mathcal{FB}_N(T)$.

Lemme 3. *Avec les notations du paragraphe précédent, on a:*
(i) $\widehat{\overline{T}} = \overline{\widehat{T}}$
(ii) $\widehat{T^M}(z) = \widehat{T}(^t M z)$ pour chaque $z \in \mathbb{C}^N$, avec $^t M$ la transposée de la matrice M.
(iii) pour $N = 1$ et $\alpha \in \mathbb{C}$, $\mathcal{FB}_1(\theta_0 T)$ est la primitive (s'annulant en $z = 0$) de $\widehat{T}$ et plus généralement:

$$\mathcal{FB}_1(\theta_\alpha T)(z) = e^{\alpha z} \int_0^z e^{-\alpha \omega} \widehat{T}(\omega)\, d\omega \qquad pour\ tout\ z \in \mathbb{C}.$$

La fonction entière $\widehat{T}$ est à croissance exponentielle. Plus précisément, si $T \in \mathcal{H}'(K)$ (où K est un compact de $\mathbb{C}^N$), alors $\widehat{T}$ appartient à l'espace $Exp(\mathbb{C}^N, K)$ défini au début du paragraphe 2.

Théorème III. *La transformation de Fourier–Borel*

$$\mathcal{FB} : \mathcal{H}'(K) \to Exp(\mathbb{C}^N, K)$$

est injective; elle est de plus bijective si le compact K est convexe.

Ce résultat fondamental a été établi, dans le cas $N = 1$, par Pólyà [41] et, pour tout N, par Martineau et Ehrenpreis: [24, 38] (voir aussi [30]).

Signalons également ce théorème d'unicité de type Carlson dû à [9] (voir aussi [27]):

Théorème IV. *Soit K un ensemble compact convexe contenu dans U^N, où U désigne la bande horizontale $\{u \in \mathbb{C} : |\Im m\, u| < \pi\}$. Alors $\mathbb{N}^N$ est un ensemble d'unicité pour les fonctions de $Exp(\mathbb{C}^N, K)$, i.e. toute $f \in Exp(\mathbb{C}^N, K)$ telle que $f(\nu) = 0$ pour chaque $\nu \in \mathbb{N}^N$ est identiquement nulle dans $\mathbb{C}^N$.*

Remarques. a) Dans ce résultat d'unicité, $\mathbb{N}^N$ peut être privé d'un nombre fini de points, de même dans conditions (3) et (7) des Théorèmes 1 à 4.

b) pour les fonctions de $Exp(\mathbb{C}^N, MK)$, où M est une matrice inversible de format $N \times N$ et K un compact convexe de U^N, un ensemble d'unicité est ${}^t M^{-1} \mathbb{N}^N$.

• On pratiquera aussi une autre opération: la *juxtaposition de deux fonctionnelles analytiques* $T \in \mathcal{H}'_1(K)$ et $S \in \mathcal{H}'_{N-1}(L)$, où K et L sont deux ensembles compacts non–vides de $\mathbb{C}$ et $\mathbb{C}^{N-1}$ respectivement.

Notation. *Pour tout $z = (z_1, \ldots, z_N) \in \mathbb{C}^N$, soit $z_{(1)} = (z_2, \ldots, z_N) \in \mathbb{C}^{N-1}$ c'est–à–dire $z = (z_1, z_{(1)})$, ainsi que $E_1 = \{z_1 : z \in E\}$ et $E_{(1)} = \{z_{(1)} : z \in E\}$ pour tout sous–ensemble $E \subset \mathbb{C}^N$.*

Remarquons que: $H_{K \times L}(z) = H_K(z_1) + H_L(z_{(1)})$.

Définition 7. *On appellera juxtaposition des fonctionnelles T et S la forme linéaire $T \times S : \mathcal{H}(\mathbb{C}^N) \mapsto \mathbb{C}$, définie par: $\langle T \times S, h \rangle = \langle T_{\zeta_1}, \langle S_{\zeta_{(1)}}, h(\zeta_1, \zeta_{(1)}) \rangle \rangle$ pour toute $h \in \mathcal{H}(\mathbb{C}^N)$.*

On s'assure aisément que $T \times S$ est une fonctionnelle analytique, avec de plus $T \times S \in \mathcal{H}'_N(K \times L)$ et $\mathcal{FB}_N(T \times S)(z) = \mathcal{FB}_1(T)(z_1)\, \mathcal{FB}_{N-1}(S)(z_{(1)})$ pour tout $z \in \mathbb{C}^N$, ainsi que $\overline{T \times S} = \overline{T} \times \overline{S}$.

Lemme 4. *Étant donné K un compact (non–vide) dans $\mathbb{C}^N$, on considère $a_1, a_2, \ldots, a_n$ une collection de n points distincts dans K_1, ainsi que des fonctionnelles analytiques $B_1, B_2, \ldots, B_n \in \mathcal{H}'_{N-1}(K_{(1)})$. Si*

$$\sum_{1 \le k \le n} \delta_{a_k} \times B_k = 0 \qquad \text{dans } \mathcal{H}'_N(K),$$

alors $B_j \equiv 0$ dans $\mathcal{H}'_{N-1}(K_{(1)})$ pour chaque $j \in \{1, 2, \ldots, n\}$.

4. Un opérateur dans l'espace $Exp(\mathbb{C}^N, K)$.

Commençons par quelques observations au sujet de la Définition 1.

Remarques. a) La notation $\varphi(D)$ s'explique par le fait que, dans le cas où $N = 1$ et $\varphi(\zeta) = \zeta$, alors $\varphi(D)f = f'$.

b) Puisque K est convexe, il existe, pour toute $f \in Exp(\mathbb{C}^N, K)$, une (unique) fonctionnelle analytique $T \in \mathcal{H}'(K)$ telle que $f = \widehat{T} = \mathcal{FB}(T)$. Puisque la fonctionnelle analytique φT est portable par K d'après le Lemme 1, la fonction $\varphi(D)(f)$ appartient à $Exp(\mathbb{C}^N, K)$.

c) Si φ ne s'annule en aucun point de K, alors la transformation $\varphi(D)$ est une bijection.

d) Si φ et ψ sont holomorphes dans un voisinage de K, alors $(\varphi\psi)(D) = \varphi(D) \circ \psi(D)$.

Exemple 1. Avec $\varphi(\zeta) = e^{\langle \alpha, \zeta \rangle}$ $(\alpha \in \mathbb{C}^N)$, $\varphi(D)$ est l'opérateur de translation

$$[\varphi(D)f](z) = f(z + \alpha) \qquad \forall z \in \mathbb{C}^N.$$

Exemple 2. Soit φ la somme d'une série de puissances

$$\sum_{\nu \in \mathbb{N}^N} a_\nu \, \zeta^\nu$$

telle que le compact K soit contenu dans un polydisque de convergence

$$V = \{\zeta \in \mathbb{C}^N : |\zeta_j| < r_j \ (j = 1, \dots, N)\}$$

i.e. les nombres réels $r_1 > 0$, $r_2 > 0$, ..., $r_N > 0$ satisfont

$$\limsup_{|\nu| \to +\infty} (|a_\nu| \, r_1^{\nu_1} \dots r_N^{\nu_N})^{1/|\nu|} = 1.$$

Alors $\varphi(D)$ fournit d'une façon naturelle la notion d'opérateur différentiel d'ordre infini dans $Exp(\mathbb{C}^N, K)$:

$$\varphi(D)f = \sum_{\nu \in \mathbb{N}^N} a_\nu \, D^\nu f \qquad \forall f \in Exp(\mathbb{C}^N, K),$$

où

$$D^\nu = \frac{\partial^{|\nu|}}{\partial z_1^{\nu_1} . \partial z_2^{\nu_2} \dots \partial z_N^{\nu_N}}$$

et $|\nu| = \nu_1 + \nu_2 + \dots + \nu_N$.

On dispose d'autres exemples dans le cas $N = 1$ (voir [14, pp.247–248 et pp.250–251]).

Exemple 3. Quand φ est un polynôme exponentiel, alors $\varphi(D)$ définit un opérateur différence–différentiel à coefficients constants.

Exemple 4. L'opérateur $\varphi(D)$ peut fournir une notion de dérivée d'ordre $\alpha \in \mathbb{C} \setminus \mathbb{Z}$: $f^{(\alpha)} = \mathcal{F}\mathcal{B}(\varphi T)$, avec $\varphi(\zeta) = \zeta^\alpha = e^{\alpha \log \zeta}$ (s'il y a une demi-droite de $\mathbb{C}$ issue de l'origine ne coupant pas K).

Exemple 5. Quand φ est somme d'une série de Dirichlet

$$\varphi(\zeta) = \sum_{k \in \mathbb{N}} a_k\, e^{\lambda_k \zeta} \qquad (\lambda_k > 0)$$

qui converge absolument dans un voisinage de K, $\varphi(D)$ fournit d'une manière naturelle une notion d'opérateur aux différences "d'ordre infini" dans l'espace $Exp(\mathbb{C}, K)$.

Exemple 6. Quand φ est la somme d'une série de Laurent

$$\varphi(\zeta) = \sum_{k \in \mathbb{Z}} a_k\, \zeta^k$$

dont l'anneau de convergence $V = \{r < |\zeta| < R\}$ contienne K, alors $\varphi(D)$ définit l'opérateur différentiel "d'ordre infini" (à coefficients constants):

$$\varphi(D)f = \sum_{k \in \mathbb{Z}} a_k\, f^{(k)} \qquad \forall f \in Exp(\mathbb{C}, K).$$

Illustration. Soient K un compact convexe contenu dans $\mathbb{C}^*$, $b \in Exp(\mathbb{C}, K)$ et t fixé dans $\mathbb{C}$. L'équation différentielle d'ordre infini:

$$J_0(t)f(z) + \sum_{n \geq 1} J_n(t)\,[f^{(n)}(z) + (-1)^n f^{(-n)}(z)\,] = b(z)$$

(J_n désignant la fonction de Bessel de première espèce d'ordre n) possède une unique solution dans $Exp(\mathbb{C}, K)$, en l'occurrence la fonction f donnée par: $f(z) = \langle B_\zeta, e^{\zeta(z - \frac{t}{2}) + \frac{t}{2\zeta}} \rangle$ où $B = \mathcal{F}\mathcal{B}^{-1}(b) \in \mathcal{H}'(K)$.

Remarque. Si φ est une fonction entière de type exponentiel, alors $\varphi(D)$ se prolonge en un opérateur différentiel agissant dans $\mathcal{H}(\mathbb{C})$ et pas seulement dans $Exp(\mathbb{C}, K)$ (voir [11, 12]).

Lemme 5. *Soient K un sous–ensemble compact convexe de $\mathbb{C}$ et φ une fonction holomorphe dans un voisinage de K. Soient $\alpha_1, \alpha_2, \ldots, \alpha_r$ les zéros de φ contenus dans K et $m_1, m_2, \ldots, m_r$ leurs multiplicités respectives.*

(i) Les solutions dans $Exp(\mathbb{C}, K)$ de $\varphi(D)f = 0$ sont les fonctions :

$$(8) \qquad f(z) = \sum_{1 \leq j \leq r} P_j(z)\, e^{\alpha_j z}$$

($P_j \in \mathbb{C}[z]$ de degree $< m_j$; $j = 1, 2, \ldots r$).

(ii) Les solutions dans $\mathcal{H}'(K)$ de $\varphi T = 0$ sont les fonctionnelles analytiques de la forme:

$$T = \sum_{1 \leq j \leq r} \sum_{0 \leq k < m_j} c_{jk}\, \delta_{\alpha_j}^{(k)} \qquad\qquad (c_{jk} \in \mathbb{C})$$

où δ_{α_j} désigne la masse de Dirac au point α_j et $\delta_{\alpha_j}^{(k)}$ sa $k^{\text{ième}}$ dérivée:

$$\langle \delta_{\alpha_j}^{(k)}, h \rangle = (-1)^k \langle \delta_{\alpha_j}, h^{(k)} \rangle = (-1)^k\, h^{(k)}(\alpha_j) \qquad\qquad \forall h \in \mathcal{H}(\mathbb{C}).$$

Preuve. En notant

$$P(\zeta) = \prod_{1 \leq j \leq r} (\zeta - \alpha_j)^{m_j} \qquad \text{et} \qquad \varphi_r(\zeta) = \frac{\varphi(\zeta)}{P(\zeta)},$$

alors φ_r est holomorphe dans un voisinage de K et ne s'annule en aucun point de K, donc: $\varphi(D)f = 0 \iff \varphi_r(D)[P(D)f] = 0 \iff P(D)f = 0$ dont les solutions sont les fonctions de la forme (8).

Dans le cas $N = 1$, on a une application à des équations aux différences de la forme $f(z + 1) - f(z) = b(z)$ (voir [16, 65]).

Proposition 1. *On considère un compact K convexe contenu dans l'ensemble $\mathbb{C} \setminus \{2ik\pi : k \in \mathbb{Z}^*\}$ et $B \in \mathcal{H}'(K)$. Les solutions de $(e^\zeta - 1)T = B$ sont les fonctionnelles analytiques $T \in \mathcal{H}'(K)$ définies par:*

$$\mathcal{H}(\mathbb{C}) \ni h \mapsto \langle T, h \rangle = c.h(0) + \left\langle B_\zeta, \frac{h(\zeta) - h(0)}{e^\zeta - 1} \right\rangle \qquad\qquad (c \in \mathbb{C}).$$

Si K ne contient pas 0, il y a une unique solution $T = \frac{B}{e^\zeta - 1}$, en d'autres mots $c = \langle B_\zeta, \frac{1}{e^\zeta - 1} \rangle$ dans la Proposition 1 et le Corollaire 1 ci–dessous.

Preuve. Soient $\varphi(\zeta) = e^\zeta - 1$ et $\varphi_1(\zeta) = \frac{e^\zeta - 1}{\zeta}$ (ainsi $\frac{1}{\varphi_1}$ est holomorphe dans un voisinage de K) et $C = \frac{1}{\varphi_1} B \in \mathcal{H}'(K)$. D'après le Lemme 1, les solutions de $\varphi T = B$ sont $T = c\,\delta_0 + \theta_0 C$ $(c \in \mathbb{C})$ et

$$\langle \theta_0 C, h \rangle = \langle \tfrac{1}{\varphi_1} B, \theta_0 h \rangle = \Big\langle B, \frac{1}{\varphi_1(\zeta)} \frac{h(\zeta) - h(0)}{\zeta} \Big\rangle = \Big\langle B, \frac{h(\zeta) - h(0)}{e^\zeta - 1} \Big\rangle$$

pour toute $h \in \mathcal{H}(\mathbb{C})$.

Corollaire 1. *Étant donnés K un sous–ensemble compact convexe du disque $\{\zeta \in \mathbb{C} : |\zeta| < 2\pi\}$ et $b \in Exp(\mathbb{C}, K)$. Les solutions $f \in Exp(\mathbb{C}, K)$ de $f(z+1) - f(z) = b(z)$ sont les fonctions:*

$$f(z) = c + \sum_{n \geq 1} b^{(n-1)}(0) \frac{\beta_n(z) - \beta_n(0)}{n!} \qquad (c \in \mathbb{C} \,,\, c = f(0))$$

où les β_n désignent les polynômes de Bernoulli.

Quand $0 \notin K$, il y a une unique solution f définie par

$$f(z) = \langle B_\zeta, \tfrac{1}{\zeta} \rangle + \sum_{n \geq 1} b^{(n-1)}(0) \frac{\beta_n(z)}{n!}.$$

Remarque. Cette proposition s'applique aux fonctions entières de type exponentiel $< 2\pi$, et ainsi étend un résultat de [16, p.555, Corollaire 2].

Preuve du Corollaire 1. Avec $B = \mathcal{FB}^{-1}(b) \in \mathcal{H}'(K)$, appliquons la Proposition 1: $\mathcal{FB}(\theta_0 C)(z) = \langle B_\zeta, \frac{e^{z\zeta} - 1}{e^\zeta - 1} \rangle$ donc le Corollaire 1 en découle, en introduisant les polynômes de Bernoulli et leur fonction génératrice:

$$\frac{e^{z\zeta}}{e^\zeta - 1} = \frac{1}{\zeta} + \sum_{n \geq 1} \frac{\beta_n(z)}{n!} \zeta^{n-1} \qquad (0 < |\zeta| < 2\pi),$$

et en remarquant que $\langle B, \zeta^{n-1} \rangle = b^{(n-1)}(0)$.

La série du membre de droite converge uniformément sur chaque compact contenu dans le disque $\{\zeta \in \mathbb{C} : |\zeta| < 2\pi\}$, voir [23, pp. 297–299].

Les Lemmes 1 et 5 permettent aussi d'inclure le résultat suivant (voir [14, p.111]):

Théorème V. *Soit f une fonction entière, de type exponentiel τ, satisfaisant*

$$f(z + 2\pi) - f(z) = b(z) \qquad \forall z \in \mathbb{C},$$

où b est une fonction entière de type exponentiel nul. Alors

$$f(z) = \sum_{-n \leq k \leq n} c_k e^{ikz} + g(z) \qquad \forall z \in \mathbb{C},$$

avec $n \leq \tau$ et g entière de type exponentiel nul.

Cet énoncé s'étend aux fonctions entières b de type exponentiel $\sigma \leq \tau$. Alors g sera de type exponentiel $\leq \sigma$. Plus précisément:

Proposition 2. *Soient K et L deux ensembles convexes compacts de $\mathbb{C}$ $(L \subset K)$ et $B \in \mathcal{H}'(L)$. Les solutions $T \in \mathcal{H}'(K)$ de $(e^{2\pi\zeta} - 1)T = B$ sont les fonctionnelles analytiques:*

$$\mathcal{H}(\mathbb{C}) \ni h \mapsto \langle T, h \rangle = \left\langle B_\zeta, \frac{h(\zeta) - Q_h(\zeta)}{e^{2\pi\zeta} - 1} \right\rangle + \sum_{k \in \mathbb{Z} : ik \in K} c_k \, h(ik) \qquad (c_k \in \mathbb{C})$$

où Q_h est le polynôme d'interpolation de Lagrange de la fonction h, interpolée aux points $ik \in L \cap i\mathbb{Z}$.

Corollaire 2. *Soit K et L deux ensembles compacts convexes de $\mathbb{C}$ $(L \subset K)$ et $b \in Exp(\mathbb{C}, L)$. Il existe une fonction $g \in Exp(\mathbb{C}, L)$ (dépendant seulement de b et L) telle que les solutions dans $Exp(\mathbb{C}, K)$ de $f(z + 2\pi) - f(z) = b(z)$ sont données par:*

$$f(z) = g(z) + \sum_{k \in \mathbb{Z} : ik \in K} c_k \, e^{ikz} \qquad (c_k \in \mathbb{C}).$$

Une telle fonction g est donnée par:

$$g(z) = \left\langle B_\zeta, \frac{e^{z\zeta} - Q_z(\zeta)}{e^{2\pi\zeta} - 1} \right\rangle \qquad \forall z \in \mathbb{C},$$

où $B = \mathcal{F}\mathcal{B}^{-1}(b) \in \mathcal{H}'(L)$ et Q_z est le polynôme d'interpolation de Lagrange de la fonction $\zeta \mapsto e^{z\zeta}$, interpolée aux points $\zeta = ik \in L \cap i\mathbb{Z}$.

Preuve de la Proposition 2. Ici $\varphi(\zeta) = e^{2\pi\zeta} - 1$. D'après le Lemme 5, les solutions dans $\mathcal{H}'(K)$ de $\varphi T = 0$ sont les

$$T = \sum_{k \in \mathbb{Z}: ik \in K} c_k\,\delta_{ik}.$$

Soient α_1, α_2, ... ,α_r les éléments de $L \cap i\mathbb{Z}$. Pour tout $s \in \{1, 2, \dots, r\}$, soit

$$P_s(\zeta) = \prod_{1 \leq j \leq s} (\zeta - \alpha_j)$$

et, pour toute $h \in \mathcal{H}(\mathbb{C})$, soit $Q_{h,s}$ le polynôme d'interpolation de Lagrange de la fonction h, interpolée aux points $\alpha_1, \alpha_2, \dots, \alpha_s$. Soit

$$\varphi_r(\zeta) = \frac{\varphi(\zeta)}{P_r(\zeta)}$$

donc $\frac{1}{\varphi_r}$ est holomorphe dans un voisinage de L et $C = \frac{1}{\varphi_r}\,B \in \mathcal{H}'(L)$.

Une solution particulière de $\varphi T = B$ dans $\mathcal{H}'(L)$ est la fonctionnelle analytique: $\theta_{\alpha_1}\,\theta_{\alpha_2}\dots\theta_{\alpha_r}\,C \in \mathcal{H}'(L)$ (Lemme 1).

Puisque $\langle \theta_{\alpha_1}\,\theta_{\alpha_2}\dots\theta_{\alpha_r}\,C, h \rangle = \langle B, \frac{1}{\varphi_r}\,\theta_{\alpha_r}\dots\theta_{\alpha_2}\,\theta_{\alpha_1}\,h \rangle$, il reste à contrôler que

$$\frac{h(\zeta) - Q_{h,r}(\zeta)}{e^{2\pi\zeta} - 1} = \frac{1}{\varphi_r(\zeta)}\,(\theta_{\alpha_r}\dots\theta_{\alpha_1}\,h)(\zeta)$$

pour tout $\zeta \in L \cup \mathbb{C} \setminus i\mathbb{Z}$. Démontrons par récurrence que, pour tout $s \leq r$:

$$h(\zeta) - Q_{h,s}(\zeta) = P_s(\zeta)\,(\theta_{\alpha_s}\dots\theta_{\alpha_1}h)(\zeta).$$

C'est trivial pour $s = 1$, puisque $Q_{h,1}(\zeta) = h(\alpha_1)$.

D'après la relation de récurrence:

$$Q_{h,s+1}(\zeta) = Q_{h,s}(\zeta) + \frac{P_s(\zeta)}{P_s(\alpha_{s+1})}[h(\alpha_{s+1}) - Q_{h,s}(\alpha_{s+1})]$$

il apparaît que

$$(\theta_{\alpha_{s+1}}\,\theta_{\alpha_s}\dots\theta_{\alpha_1}h)(\zeta) = \left[\theta_{\alpha_{s+1}}\left(\frac{h - Q_{h,s}}{P_s}\right)\right](\zeta)$$

$$= \frac{1}{\zeta - \alpha_{s+1}}\,\frac{1}{P_s(\zeta)}\,[h(\zeta) - Q_{h,s+1}(\zeta)].$$

On obtient un résultat analogue en N variables ($N \geq 2$):

Définition 8. *Soit $\alpha \in \mathbb{C}$. Pour toute $h \in \mathcal{H}(\mathbb{C}^N)$, soit $\vartheta_\alpha h \in \mathcal{H}(\mathbb{C}^N)$ définie par:*

$$(\vartheta_\alpha h)(\zeta) = \frac{h(\zeta_1, \zeta_{(1)}) - h(\alpha, \zeta_{(1)})}{\zeta_1 - \alpha}$$

pour tout $\zeta \in \mathbb{C}^N$ (la notation $\zeta_{(1)}$ a été introduite au paragraphe 3, voir la Définition 7). Si $\zeta_1 = \alpha$, alors $(\vartheta_\alpha h)(\zeta) = \frac{\partial h}{\partial \zeta_1}(\alpha, \zeta_{(1)})$. Soit K un sous-ensemble compact de $\mathbb{C}^N$. Pour toute $T \in \mathcal{H}'(K)$, soit $\vartheta_\alpha T \in \mathcal{H}'(K_1 \times K_{(1)})$ définie par: $\langle \vartheta_\alpha T, h \rangle = \langle T, \vartheta_\alpha h \rangle$ pour chaque $h \in \mathcal{H}(\mathbb{C}^N)$.

Proposition 3. *Soient K un sous-ensemble convexe compact de $\mathbb{C}^N$ et $B \in \mathcal{H}'(K)$. Pour tous $h \in \mathcal{H}(\mathbb{C}^N)$ et $\omega \in \mathbb{C}^{N-1}$, soit $Q_{h,\omega}$ désignant ici le polynôme d'interpolation de Lagrange de la fonction $v \mapsto h(v, \omega)$ ($v \in \mathbb{C}$), interpolée aux points $v = k\pi$, pour les entiers $k \in \mathbb{Z}$ tels que $k\pi \in K_1$. Alors la fonctionnelle analytique :*

$$\mathcal{H}(\mathbb{C}^N) \ni h \mapsto \left\langle B_\zeta, \frac{h(\zeta) - Q_{h, \zeta_{(1)}}(\zeta_1)}{e^{2i\zeta_1} - 1} \right\rangle$$

est portable par $K_1 \times K_{(1)}$.

En particulier, quand $h(\zeta) = e^{\langle z, \zeta \rangle}$ ($z \in \mathbb{C}^N$), alors

$$Q_{h, \zeta_{(1)}}(\zeta_1) = e^{z_2 \zeta_2 + \ldots + z_N \zeta_N} Q_{z_1}(\zeta_1) = e^{\langle z, \zeta \rangle} Q_{z_1}(\zeta_1) e^{-\zeta_1 z_1},$$

avec Q_{z_1} le polynôme d'interpolation de Lagrange de la fonction $v \mapsto e^{z_1 v}$ ($v \in \mathbb{C}$), interpolée aux points $v = k\pi \in K_1 \cap \pi\mathbb{Z}$. Par conséquent, on a:

Corollaire 3. *La fonction entière définie sur $\mathbb{C}^N$ par:*

$$z \mapsto \left\langle B_\zeta, e^{\langle z, \zeta \rangle} \frac{1 - Q_{z_1}(\zeta_1) e^{-\zeta_1 z_1}}{e^{2i\zeta_1} - 1} \right\rangle$$

appartient à $Exp(\mathbb{C}^N, K_1 \times K_{(1)})$.

Il en découle que la même affirmation est valable aussi pour les fonctions entières:

$$z \mapsto \left\langle B_\zeta \,,\, e^{\langle z,\zeta \rangle} \left(1 - Q_{z_1}(\zeta_1)\, e^{-\zeta_1 z_1} \right) \right\rangle$$

et

$$z \mapsto \left\langle B_\zeta \,,\, e^{\langle z,\zeta \rangle}\, Q_{z_1}(\zeta_1)\, e^{-\zeta_1 z_1} \right\rangle.$$

Preuve de la Proposition 3. Elle se déroule comme la preuve précédente:

$$\frac{h(\zeta) - Q_{h,\zeta_{(1)}}(\zeta_1)}{e^{2i\zeta_1} - 1} = \frac{1}{\varphi_r(\zeta_1)} \left(\vartheta_{\alpha_r} \ldots \vartheta_{\alpha_1} h \right)(\zeta)$$

avec $\alpha_1, \ldots, \alpha_r$ les éléments de $K_1 \cap \pi \mathbb{Z}$ et $\varphi_r(v) = \frac{e^{2iv}-1}{(v-\alpha_1)\ldots(v-\alpha_r)}$ $(v \in \mathbb{C})$.

5. Preuve du Théorème 5.

Les notations K_1 et $K_{(1)}$ ont été définies au paragraphe 3 (voir Définition 7).

Lemme 6. *Étant donnés un ensemble convexe compact K dans $\mathbb{C}^N$ et ψ une fonction, d'une variable, holomorphe dans un voisinage du compact $K_1 \subset \mathbb{C}$, soient $\alpha_1, \alpha_2, \ldots, \alpha_r$ les zéros distincts de ψ contenus dans K_1 et $m_1, m_2, \ldots, m_r$ leurs multiplicités respectives. Soit φ la fonction (holomorphe dans un voisinage de $K_1 \times \mathbb{C}^{N-1}$) définie par: $\varphi(\zeta) = \psi(\zeta_1)$ pour tout $\zeta = (\zeta_1, \ldots, \zeta_N) \in \mathbb{C}^N$. Alors:*
(i) les solutions dans $Exp(\mathbb{C}^N, K)$ de $\varphi(D)f = \psi\left(\frac{\partial}{\partial z_1}\right)f = 0$ sont les fonctions:

$$f(z) = \sum_{1 \le j \le r} \sum_{0 \le k < m_j} C_{jk}(z_2, \ldots, z_N)\, z_1^k\, e^{\alpha_j z_1},$$

avec des fonctions $C_{jk} \in Exp(\mathbb{C}^{N-1}, L_j)$ pour des compacts $L_j \subset K_{(1)}$ tels que $\{\alpha_j\} \times L_j \subset K$
(ii) les solutions dans $\mathcal{H}'(K)$ de $\varphi T = 0$ sont les fonctionnelles analytiques:

$$T = \sum_{1 \le j \le r} \sum_{0 \le k < m_j} \delta_{\alpha_j}^{(k)} \times B_{jk} \qquad \text{où} \qquad B_{jk} \in \mathcal{H}'_{N-1}(L_j).$$

Preuve du Lemme 6. Il suffit de l'effectuer dans deux cas particuliers.

(a) Soit $\alpha \in K_1$. Les fonctions $f \in Exp(\mathbb{C}^N, K)$ satisfaisant $\frac{\partial f}{\partial z_1} - \alpha f = 0$ sont les fonctions:

$$f(z_1, z_2, \ldots, z_N) = C(z_2, \ldots, z_N)\, e^{\alpha z_1}$$

où $C \in Exp(\mathbb{C}^{N-1}, L)$ pour des ensembles compacts L tels que $\{\alpha\} \times L \subset K$. En fait $C(z_2, \ldots, z_N) = f(0, z_2, \ldots, z_N)$ et $(z_2, \ldots, z_N) \mapsto H_K(0, z_2, \ldots, z_N)$ est la fonction d'appui (dans $\mathbb{C}^{N-1}$) du compact $K_{(1)} \subset \mathbb{C}^{N-1}$.

(b) Soit $\alpha \in K_1$, $\beta \in K_1$, L comme en (a), $A \in Exp(\mathbb{C}^{N-1}, L)$ et P un polynôme en une variable. Les solutions dans $Exp(\mathbb{C}^N, K)$ de

$$\frac{\partial f}{\partial z_1} - \beta f = A(z_2, \ldots, z_N)\, P(z_1)\, e^{\alpha z_1}$$

sont les fonctions :

$$f(z_1, z_2, \ldots, z_N) = A(z_2, \ldots, z_N)\, Q(z_1)\, e^{\alpha z_1} + C(z_2, \ldots, z_N)\, e^{\beta z_1}$$

où $C \in Exp(\mathbb{C}^{N-1}, L')$ pour des ensembles compacts L' tels que $\{\alpha\} \times L' \subset K$. Le polynôme Q peut être défini explicitement en fonction de P, α et β (il ne dépend ni de A, ni de L, ni de L'), avec $\deg Q = \deg P$ si $\alpha \neq \beta$ et $\deg Q = \deg P + 1$ si $\alpha = \beta$.

La traduction en termes de fonctionnelles analytiques est immédiate via la transformation de Fourier–Borel.

Preuve du Théorème 5.

Quand $I_{K,\gamma} = \emptyset$, on déduit du Lemme 1(i) que $T = 0$. Abrégeons ici la notation matricielle, en écrivant simplement: $M_\gamma = M$. Observons que $e^{2i\langle \gamma, \zeta \rangle} - 1 = \varphi^M(\zeta) = \varphi(M\zeta)$

où
$$\varphi: \begin{array}{ccc} \mathbb{C}^N & \to & \mathbb{C} \\ \zeta & \mapsto & \psi(\zeta_1) \end{array}$$
et
$$\psi: \begin{array}{ccc} \mathbb{C} & \to & \mathbb{C} \\ u & \mapsto & e^{2iu} - 1 \end{array}$$

La question se ramène ainsi à résoudre:

$$(9) \qquad \varphi^M T = 0 \qquad \text{dans } \mathcal{H}'(K),$$

mais puisque $(\varphi^M T)^M = \varphi T^M$ (Lemme 2), cela équivaut à résoudre:

$$(10) \qquad \varphi S = 0 \qquad \text{dans } \mathcal{H}'(MK),$$

dont les solutions sont reliées à celles de (9) par $S = T^M$.

105

Le Lemme 6 est appliqué à l'ensemble compact MK. Les zéros de ψ situés dans $(MK)_1 = \{\langle \gamma, \zeta \rangle : \zeta \in K\}$ sont les points $k\pi$, où $k \in I_{K,\gamma}$, avec multiplicité 1. Les solutions de (10) sont ainsi les fonctionnelles analytiques:

$$S = \sum_{k \in I_{K,\gamma}} \delta_{k\pi} \times B_k$$

où les B_k sont des fonctionnelles analytiques portables par des compacts $L_k \subset (MK)_{(1)}$ tels que $\{k\pi\} \times L_k \subset MK$. Finalement, les solutions de (9) sont les fonctionnelles analytiques:

$$T = \sum_{k \in I_{K,\gamma}} (\delta_{k\pi} \times B_k)^{M^{-1}}.$$

Ces fonctionnelles analytiques $(\delta_{k\pi} \times B_k)^{M^{-1}}$ sont portables respectivement par $M^{-1}(\{k\pi\} \times L_k) \subset K$.

Dans le cas $\gamma \in (\mathbb{R}^*)^N$, la condition supplémentaire $\overline{T} = -T$ conduit à $T^M = -\overline{T}^M = -\overline{T^M}$ (parce que $M = M_\gamma$ a des coefficients réels). Comme

$$T^M = \sum_{k \in I_{K,\gamma}} \delta_{k\pi} \times B_k,$$

on en déduit que:

$$\sum_{k \in I_{K,\gamma}} \delta_{k\pi} \times (B_k + \overline{B_k}) = 0$$

dans $\mathcal{H}'_N(K)$. D'après le Lemme 4, on a $B_k = -\overline{B_k}$ pour tout k.

Corollaire 4. *Soient K, γ et $I_{K,\gamma}$ définis comme au Théorème 5. Les fonctions $f \in Exp(\mathbb{C}^N, K)$ qui satisfont $f(z + 2i\gamma) = f(z)$ $(\forall z \in \mathbb{C}^N)$ sont les fonctions :*

$$f(z) = \sum_{k \in I_{K,\gamma}} A_k \left(\frac{z_2}{\gamma_2} - \frac{z_1}{\gamma_1}, \ldots, \frac{z_N}{\gamma_N} - \frac{z_1}{\gamma_1} \right) e^{k\pi z_1/\gamma_1}$$

où $A_k \in Exp(\mathbb{C}^{N-1}, L_k)$, pour des compacts L_k tels que $\{k\pi\} \times L_k \subset M_\gamma K$. Si f est de plus astreinte à la condition $\overline{f} = -f$ et si $\gamma \in (\mathbb{R}^*)^N$, alors les A_k doivent vérifier $\overline{A_k} = -A_k$ pour tout $k \in I_{K,\gamma}$. Si $I_{K,\gamma} = \emptyset$, alors $f \equiv 0$.

Preuve. Soient $T = \mathcal{F}\mathcal{B}^{-1}(f)$ et $S = T^M$ comme dans la preuve précédente. La traduction de (9) en termes de fonctions entières à croissance exponentielle s'écrit: $f(z+2i\gamma) - f(z) = 0$ dans $Exp(\mathbb{C}^N, K)$. Avec la notation $Z = {}^tM^{-1}z$, il découle du Lemme 3 que:

$$f(z) = \mathcal{F}\mathcal{B}_N(S^{M^{-1}})(z) = \sum_{k \in I_{K,\gamma}} \mathcal{F}\mathcal{B}_N(\delta_{k\pi} \times B_k)(Z)$$

$$= \sum_{k \in I_{K,\gamma}} \mathcal{F}\mathcal{B}_1(\delta_{k\pi})(Z_1)\, \mathcal{F}\mathcal{B}_{N-1}(B_k)(Z_{(1)})$$

d'où le Corollaire 4, avec $A_k = \mathcal{F}\mathcal{B}_{N-1}(B_k) \in Exp(\mathbb{C}^{N-1}, L_k)$.

6. Preuve des Théorèmes 1 à 4.

Preuve des Théorèmes 1, 3 et 4.

La fonction entière $f_0 : z \mapsto \frac{1}{2}[f(z) + \overline{f(\overline{z})}]$ coïncide avec $\Re e\, f$ sur $\mathbb{R}^N$ et appartient à $Exp(\mathbb{C}^N, K \cup \overline{K})$. Notons que f_0 est la transformée de Fourier–Borel de $\frac{1}{2}(T + \overline{T})$, où T désigne $\mathcal{F}\mathcal{B}^{-1}(f) \in \mathcal{H}'(K)$.

De la même manière, la fonction entière $f_\alpha : z \mapsto \frac{1}{2}[f(z + \alpha) + \overline{f(\overline{z} + \alpha)}]$ coïncide sur $\mathbb{R}^N$ avec $x \mapsto \Re e\, f(x + \alpha)$ et appartient à $Exp(\mathbb{C}^N, K \cup \overline{K})$. Observons que f_α est la transformée de Fourier–Borel de

$$\tfrac{1}{2}(e^{\langle \alpha, \zeta \rangle}T_\zeta + e^{\langle \overline{\alpha}, \zeta \rangle}\overline{T}_\zeta) = \tfrac{1}{2}e^{\langle \overline{\alpha}, \zeta \rangle}(e^{2i\langle \gamma, \zeta \rangle}T_\zeta + \overline{T}_\zeta).$$

D'après le théorème d'unicité de [9] (le Théorème IV cité au paragraphe 3) appliqué au compact $Conv(K \cup \overline{K})$, ces fonctions sont toutes deux identiquement nulles dans $\mathbb{C}^N$ puisqu'elles s'annulent sur $\mathbb{N}^N$ (éventuellement privé d'un nombre fini de points).

Pour la preuve du Théorème 4, le même argument s'applique aux fonctions $\varphi(D)f_0$ et $\psi(D)f_\alpha$ et conduit à: $\varphi(D)f_0 \equiv 0$ et $\psi(D)f_\alpha \equiv 0$. Il découle alors du Lemme 1 que $f_0 \equiv 0$ et $f_\alpha \equiv 0$ dans $\mathbb{C}^N$. On obtient $\overline{f} = -f$ et $f(z + \alpha - \overline{\alpha}) = f(z)$ pour tout $z \in \mathbb{C}^N$. D'après le Corollaire 4:

$$f(z) = \sum_{k \in I_{K,\gamma}} A_k\left(\frac{z_2}{\gamma_2} - \frac{z_1}{\gamma_1}, \ldots, \frac{z_N}{\gamma_N} - \frac{z_1}{\gamma_1}\right) e^{k\pi z_1/\gamma_1}$$

avec des fonctions $A_k \in Exp(\mathbb{C}^{N-1}, L_k)$ satisfaisant $A_k = -\overline{A_k}$ et des ensembles compacts L_k tels que $\{k\pi\} \times L_k \subset M_\gamma K$. Le Théorème 1 est maintenant établi.

Si $I_{K,\gamma} \neq \emptyset$ et $I_{K,\gamma} \neq \{0\}$, il reste à prouver que $A_k \equiv 0$ dans $\mathbb{C}^{N-1}$ pour chaque $k \neq 0$.

Soit $M_{(1)}$ la matrice carrée, extraite de M, construite en ne conservant que les $N-1$ dernières lignes et colonnes de M. Comme $M_{(1)}^{-1}\mathbb{N}^{N-1}$ est un ensemble d'unicité pour A_k, on va montrer que $A_k(\nu') = 0$ pour chaque ν' du type

$$\nu' = \left(\tfrac{\nu_2}{\gamma_2}, \ldots, \tfrac{\nu_N}{\gamma_N} \right) \qquad \text{où } (\nu_2, \ldots, \nu_N) \in \mathbb{N}^{N-1}.$$

Sur la droite dans $\mathbb{C}^N$ d'équation

$$\begin{cases} z_2 & = \nu_2 + z_1 \tfrac{\gamma_2}{\gamma_1} \\ \vdots \\ z_N & = \nu_N + z_1 \tfrac{\gamma_N}{\gamma_1} \end{cases}$$

on a

$$f(z) = \sum_{k \in I_{K,\gamma}} A_k(\nu') e^{k\pi z_1 / \gamma_1}$$

Comme cette droite, de vecteur directeur γ, passe en particulier par le point $\nu = (0, \nu_2, \ldots, \nu_N) \in \{0\} \times \mathbb{N}^{N-1}$, elle a aussi pour équation: $z = \nu + t\gamma$, $t \in \mathbb{C}$.

Puisque K est convexe, il est facile de vérifier que $I_{K,\gamma}$ est un "intervalle" de $\mathbb{Z}$. Fixons $k_0 \in \mathbb{N}^*$ tel que $I_{K,\gamma} \subset [-k_0, k_0]$ et écrivons $A_k(\nu') = 0$ pour $k \notin I_{K,\gamma}$. Ainsi:

$$f(\nu + t\gamma) = \sum_{-k_0 \leq k \leq k_0} A_k(\nu') e^{k\pi t}$$

$$= e^{k_0 \pi t} \left[A_{k_0}(\nu') + \sum_{-k_0 \leq k < k_0} A_k(\nu') e^{(k-k_0)\pi t} \right].$$

Quand $t \in \mathbb{R}$ et tend vers $+\infty$, le second terme entre les crochets tend vers 0. Ainsi $A_{k_0}(\nu') = 0$, sinon $|f(\nu + t\gamma)|$ tendrait vers $+\infty$ quand $t \to +\infty$. D'une façon similaire, avec $e^{(k_0-1)\pi t}$ mis en facteur, on obtient $A_{k_0-1}(\nu') = 0$, et ainsi de suite jusqu'à ce que $A_1(\nu') = 0$. Donc

$$f(\nu + t\gamma) = e^{-k_0 \pi t} \left[A_{-k_0}(\nu') + \sum_{-k_0 < k \leq 0} A_k(\nu') e^{(k+k_0)\pi t} \right].$$

Quand $t \to -\infty$ ($t \in \mathbb{R}$), le second terme entre les crochets tend vers 0. Ainsi $A_{-k_0}(\nu') = 0$, sinon $|f(\nu + t\gamma)|$ tendrait vers $+\infty$ quand $t \to -\infty$.

De la même manière,

$$A_{-k_0+1}(\nu') = \ldots = A_{-1}(\nu') = 0.$$

Lorsque l'"intervalle" $I_{K,\gamma}$ de $\mathbb{Z}$ ne contient pas 0, alors $I_{K,\gamma} \subset \mathbb{N}^*$ ou bien $I_{K,\gamma} \subset -\mathbb{N}^*$, de telle sorte que $A_k(\nu') = 0$ pour tout $k \in I_{K,\gamma}$.

Remarque. La preuve ci–dessus montre aussi que, quand $I_{K,\gamma} = \{0\}$, la condition (6) devient superflue dans l'énoncé du Théorème 3. La preuve du Théorème 2 se réduit à:

Lemme 7. *Soit K un compact de $\mathbb{C}^N$, stable sous l'action des applications $\zeta \mapsto \lambda\zeta$ pour tout $\lambda \in \mathbb{C}$ tel que $|\lambda| \leq 1$. Soient $\gamma \in \mathbb{C}^N$ et $r \in \mathbb{C}$. Alors K intersecte l'hyperplan $\{\zeta \in \mathbb{C}^N : \langle \zeta, \gamma \rangle = r\}$ si et seulement si $H_K(\gamma) \geq |r|$.*

Preuve du Lemme 7. Notons $r = |r|e^{i\alpha}$ ($\alpha \in \mathbb{R}$).
Soit $\zeta \in K$ tel que $\langle \zeta, \gamma \rangle = r$ et $\zeta' = e^{-i\alpha}\zeta \in K$, alors $\langle \zeta', \gamma \rangle = |r| = \Re\,\langle \zeta', \gamma \rangle \leq H_K(\gamma)$.
Inversement, soit $\zeta \in K$ tel que $\Re\,\langle \zeta, \gamma \rangle \geq |r|$ et $\theta \in \mathbb{R}$ tel que $e^{i\theta}\langle \zeta, \gamma \rangle \in \mathbb{R}^+$. On a $\zeta' = e^{i\theta}\zeta \in K$ et $\langle \zeta', \gamma \rangle \geq \Re\,\langle \zeta, \gamma \rangle \geq |r|$. Il existe $\zeta_r \in K$ tel que $\langle \zeta_r, \gamma \rangle = r$: par exemple $\zeta_r = 0$ si $\langle \zeta', \gamma \rangle = 0$. Sinon, soit $\lambda = \frac{|r|}{\langle \zeta', \gamma \rangle} \in [0,1]$: alors $\zeta_r = \lambda e^{i\alpha}\zeta' \in K$ et $\langle \zeta_r, \gamma \rangle = r$.

Preuve du Théorème 2. Puisque $H_K(\gamma) < \pi$, le compact K n'intersecte aucun hyperplan $\{\zeta \in \mathbb{C}^N : \langle \zeta, \gamma \rangle = k\pi\}$, où $k \in \mathbb{Z}^*$. Par conséquent $I_{K,\gamma} = \{0\}$.

Remarque. Le Lemme 7 et le Théorème 2 s'appliquent en particulier quand K est multicirculaire (voir les domaines de Reinhardt en [60, pp. 47–48]), par exemple quand K est un polydisque $\{\zeta \in \mathbb{C}^N : |\zeta_j| \leq r_j \ (j = 1, \ldots, N)\}$ dont les rayons satisfont

$$\sum_{1 \leq j \leq N} r_j|\gamma_j| < \pi,$$

puisqu'on sait que sa fonction d'appui H_K est définie par

$$H_K(z) = \sum_{j=1}^{N} r_j|z_j| \qquad \forall z \in \mathbb{C}^N.$$

7. Preuve du Théorème 6.

Soient f_1 et f_2 les fonctions entières définies par:

$$f_1(z) = 2 \left\langle B_\zeta \, , \, e^{\langle z, \zeta \rangle} \frac{1 - Q_{z_1/\gamma_1}(\langle \gamma, \zeta \rangle) \, e^{-\langle \gamma, \zeta \rangle z_1/\gamma_1}}{e^{\langle \alpha, \zeta \rangle} - e^{\langle \overline{\alpha}, \zeta \rangle}} \right\rangle$$

et

$$f_2(z) = 2 \left\langle A_\zeta \, , \, e^{\langle z, \zeta \rangle} \frac{1 - Q_{z_1/\gamma_1}(\langle \gamma, \zeta \rangle) \, e^{-\langle \gamma, \zeta \rangle z_1/\gamma_1}}{1 - e^{2i\langle \gamma, \zeta \rangle}} \right\rangle$$
$$+ \langle A_\zeta, e^{\langle z, \zeta \rangle} \, Q_{z_1/\gamma_1}(\langle \gamma, \zeta \rangle) \, e^{-\langle \gamma, \zeta \rangle z_1/\gamma_1} \rangle$$

pour tout $z \in \mathbb{C}^N$. Vérifions tout d'abord qu'elles appartiennent à l'espace $Exp(\mathbb{C}^N, K)$, ou plutôt vérifions que les fonctions $f_1{}^{t_M}$ et $f_2{}^{t_M}$ appartiennent à $Exp(\mathbb{C}^N, MK)$. Sachant que $\langle {}^t Mz, \zeta \rangle = \langle z, M\zeta \rangle$ (voir le Lemme 3), ceci conduit à:

$$f_1{}^{t_M}(z) = f_1({}^t Mz) = 2 \left\langle B_\zeta^M \, , \, e^{-\langle {}^t M^{-1} \overline{\alpha}, \zeta \rangle} \, e^{\langle z, \zeta \rangle} \frac{1 - Q_{z_1}(\zeta_1) \, e^{-\zeta_1 z_1}}{e^{2i\zeta_1} - 1} \right\rangle$$

et

$$f_2{}^{t_M}(z) = f_2({}^t Mz) = 2 \left\langle A_\zeta^M \, , \, e^{\langle z, \zeta \rangle} \frac{1 - Q_{z_1}(\zeta_1) \, e^{-\zeta_1 z_1}}{1 - e^{2i\zeta_1}} \right\rangle$$
$$+ \langle A_\zeta^M, e^{\langle z, \zeta \rangle} \, Q_{z_1}(\zeta_1) \, e^{-\zeta_1 z_1} \rangle$$

pour tout $z \in \mathbb{C}^N$. Il découle de la Proposition 3 et du Corollaire 3 que

$$f_1{}^{t_M} \in Exp\Big(\mathbb{C}^N, (MK)_1 \times (MK)_{(1)}\Big).$$

On a la même formule pour $f_2{}^{t_M}$.
Ensuite vérifions que f_1 satisfait $f_1(z) + \overline{f_1(\overline{z})} = 0$ et $f_1(z + \alpha) + \overline{f_1(\overline{z} + \alpha)} = 2b(z)$ pour tout $z \in \mathbb{C}^N$. La dernière relation peut aussi s'écrire comme suit:

$$(11) \qquad f_1(z) + \overline{f_1(\overline{z} + 2i\gamma)} = 2b(z - \alpha) \qquad\qquad \forall z \in \mathbb{C}^N.$$

Les deux relations proviennent du fait que $\overline{Q_{\overline{u}}} = Q_u$ pour chaque $u \in \mathbb{C}$ et que $\overline{\langle B, h \rangle} = \langle \overline{B}, \overline{h} \rangle = \langle B, \overline{h} \rangle$ pour chaque fonction h holomorphe dans un voisinage de K.

Puisque

$$f_1(z) = 2\left\langle B_\varsigma \,,\, e^{\langle z-\alpha,\varsigma\rangle} \frac{1 - Q_{z_1/\gamma_1}(\langle\gamma,\varsigma\rangle)\, e^{-\langle\gamma,\varsigma\rangle z_1/\gamma_1}}{1 - e^{-2i\langle\gamma,\varsigma\rangle}} \right\rangle$$

et $Q_{u+2i} = Q_u$, il en découle que

$$f_1(z + 2i\gamma) = 2\left\langle B_\varsigma \,,\, e^{\langle z-\overline{\alpha},\varsigma\rangle} \frac{1 - e^{-2i\langle\gamma,\varsigma\rangle} Q_{z_1/\gamma_1}(\langle\gamma,\varsigma\rangle)\, e^{-\langle\gamma,\varsigma\rangle z_1/\gamma_1}}{1 - e^{-2i\langle\gamma,\varsigma\rangle}} \right\rangle$$

ce qui conduit à:

$$\begin{aligned}
\overline{f_1(\overline{z} + 2i\gamma)} &= 2\left\langle B_\varsigma \,,\, e^{\langle z-\alpha,\varsigma\rangle} \frac{1 - e^{2i\langle\gamma,\varsigma\rangle} Q_{z_1/\gamma_1}(\langle\gamma,\varsigma\rangle)\, e^{-\langle\gamma,\varsigma\rangle z_1/\gamma_1}}{1 - e^{2i\langle\gamma,\varsigma\rangle}} \right\rangle \\
&= -2\left\langle B_\varsigma \,,\, e^{\langle z-\alpha,\varsigma\rangle} \frac{e^{-2i\langle\gamma,\varsigma\rangle} - Q_{z_1/\gamma_1}(\langle\gamma,\varsigma\rangle)\, e^{-\langle\gamma,\varsigma\rangle z_1/\gamma_1}}{1 - e^{-2i\langle\gamma,\varsigma\rangle}} \right\rangle
\end{aligned}$$

donc (11) est satisfaite.

Il reste à montrer que $f_2(z) + \overline{f_2(\overline{z})} = 2a(z)$ et $f_2(z + \alpha) + \overline{f_2(\overline{z} + \alpha)} = 0$ pour tout $z \in \mathbb{C}^N$. La seconde relation peut aussi s'écrire:

$$(12) \qquad\qquad f_2(z) + \overline{f_2(\overline{z} + 2i\gamma)} = 0 \qquad\qquad \forall z \in \mathbb{C}^N.$$

Puisque

$$\begin{aligned}
\overline{f_2(\overline{z})} = \ &-2\left\langle A_\varsigma \,,\, e^{\langle z,\varsigma\rangle} \left(1 - Q_{z_1/\gamma_1}(\langle\gamma,\varsigma\rangle)\, e^{-\langle\gamma,\varsigma\rangle z_1/\gamma_1}\right) \frac{e^{2i\langle\gamma,\varsigma\rangle}}{1 - e^{2i\langle\gamma,\varsigma\rangle}} \right\rangle \\
&+\langle A_\varsigma, e^{\langle z,\varsigma\rangle} Q_{z_1/\gamma_1}(\langle\gamma,\varsigma\rangle)\, e^{-\langle\gamma,\varsigma\rangle z_1/\gamma_1}\rangle,
\end{aligned}$$

on obtient:

$$\begin{aligned}
f_2(z) + \overline{f_2(\overline{z})} &= 2\left\langle A_\varsigma \,,\, e^{\langle z,\varsigma\rangle} \left(1 - Q_{z_1/\gamma_1}(\langle\gamma,\varsigma\rangle)\, e^{-\langle\gamma,\varsigma\rangle z_1/\gamma_1}\right) \right\rangle \\
&\quad + (1+1)\langle A_\varsigma, e^{\langle z,\varsigma\rangle} Q_{z_1/\gamma_1}(\langle\gamma,\varsigma\rangle)\, e^{-\langle\gamma,\varsigma\rangle z_1/\gamma_1}\rangle \\
&= 2a(z).
\end{aligned}$$

La relation (12) découle d'une façon similaire de:

$$\overline{f_2(\overline{z} + 2i\gamma)} = 2\left\langle A_\zeta \,,\, e^{\langle z,\zeta \rangle} e^{-2i\langle \gamma,\zeta \rangle} \frac{1 - e^{2i\langle \gamma,\zeta \rangle} Q_{z_1/\gamma_1}(\langle \gamma,\zeta \rangle) \, e^{-\langle \gamma,\zeta \rangle z_1/\gamma_1}}{1 - e^{-2i\langle \gamma,\zeta \rangle}} \right\rangle$$
$$+ \langle A_\zeta, e^{\langle z,\zeta \rangle} \, Q_{z_1/\gamma_1}(\langle \gamma,\zeta \rangle) \, e^{-\langle \gamma,\zeta \rangle z_1/\gamma_1} \rangle$$

$$= -2\left\langle A_\zeta \,,\, e^{\langle z,\zeta \rangle} \frac{1 - e^{2i\langle \gamma,\zeta \rangle} Q_{z_1/\gamma_1}(\langle \gamma,\zeta \rangle) \, e^{-\langle \gamma,\zeta \rangle z_1/\gamma_1}}{1 - e^{2i\langle \gamma,\zeta \rangle}} \right\rangle$$
$$+ \langle A_\zeta, e^{\langle z,\zeta \rangle} \, Q_{z_1/\gamma_1}(\langle \gamma,\zeta \rangle) \, e^{-\langle \gamma,\zeta \rangle z_1/\gamma_1} \rangle.$$

8. Accélération de convergence pour séries de Taylor, une autre application des fonctionnelles analytiques.

Sur un thème très différent de ce qui précède, ce paragraphe porte sur la vitesse de convergence de séries de puissances en N variables ($N \in I\!N^*$) de la forme:

$$(13) \qquad f(z) = \sum_{\nu \in I\!N^N} a_\nu \, z^\nu \qquad\qquad z = (z_1, \ldots, z_N) \in \mathbb{C}^N$$

avec des coefficients $a_\nu \in \mathbb{C}$. On rappelle la notation $z^\nu = z_1^{\nu_1} \ldots z_N^{\nu_N}$ pour tout $\nu = (\nu_1, \ldots, \nu_N) \in I\!N^N$, avec la convention $z_j^{\nu_j} = 1$ si $z_j = \nu_j = 0$ ($j \in \{1, 2, \ldots, N\}$). On cherche à accélérer leur convergence dans le cas où f est une fonction entière de type exponentiel, appartenant à l'espace $Exp(\mathbb{C}^N, K)$, avec K une boule euclidienne ou un polydisque.

Remarque. Rappelons la fonction d'appui de tels compacts K:

1) Si K est une boule euclidienne $B(\rho) = \{\zeta \in \mathbb{C}^N : ||\zeta||_e \leq \rho\}$ avec $\rho \geq 0$ son rayon, alors

$$H_K(z) = \rho||z||_e = \rho \left(\sum_{1 \leq j \leq N} |z_j|^2 \right)^{1/2}.$$

2) Si K est un polydisque $P(r_1, \ldots, r_N) = \{\zeta \in \mathbb{C}^N : |\zeta_1| \leq r_1, \ldots, |\zeta_N| \leq r_N\}$ avec pour rayons $r_j \geq 0 \; \forall j = 1, 2, \ldots, N$, alors

$$H_K(z) = \sum_{1 \leq j \leq N} r_j |z_j|.$$

Définition 9. *La boule euclidienne $B(\rho)$ est dite plus petite que $B(\sigma)$ si $\rho < \sigma$. Le polydisque $P(r_1, \ldots, r_N)$ est dit plus petit que le polydisque $P(s_1, \ldots, s_N)$ si $r_j < s_j \ \forall j \in \{1, 2, \ldots, N\}$.*

Remarque. Étant donné un compact $K \subset \mathbb{C}^N$, soit $K_j \subset \mathbb{C}$ la j–ième projection de K, et ce pour chaque $j \in \{1, 2, \ldots, N\}$. Parmi les polydisques $P(R_1, \ldots, R_N)$ contenant K, soit P_K leur intersection: elle est obtenue avec $R_j = \max_{\zeta_j \in K_j} |\zeta_j| \ \forall j \in \{1, 2, \ldots, N\}$.

Notation. *Pour tous sous–ensembles K et L de $\mathbb{C}^N$, l'ensemble $K + L \subset \mathbb{C}^N$ est défini par: $K + L = \{z + \zeta \ : \ z \in K \, , \ \zeta \in L\}$ avec*

$$z + \zeta = (z_1 + \zeta_1, z_2 + \zeta_2, \ldots, z_N + \zeta_N) \qquad \forall z \in \mathbb{C}^N \qquad \forall \zeta \in \mathbb{C}^N.$$

Théorème 7. *Soient K un compact convexe de $\mathbb{C}^N$ et $f \in Exp(\mathbb{C}^N, K)$ une fonction dont le développement de Taylor autour de l'origine soit de la forme (13). Soient L un autre compact convexe de $\mathbb{C}^N$ et $g \in Exp(\mathbb{C}^N, L)$ avec pour développement de Taylor:*

$$g(z) = \sum_{\nu \in \mathbb{N}^N} b_\nu \, z^\nu \qquad \forall z \in \mathbb{C}^N.$$

Alors la série de puissances:

$$f(z)\, g(z) = \sum_{\nu \in \mathbb{N}^N} c_\nu \, z^\nu \qquad\qquad (z \in \mathbb{C}^N)$$

avec pour coefficients

$$c_\nu = \sum_{\substack{\lambda \in \mathbb{N}^N, \, \mu \in \mathbb{N}^N \\ \lambda + \mu = \nu}} a_\lambda \, b_\mu \qquad \forall \nu \in \mathbb{N}^N$$

a une convergence plus rapide que (13) si P_{K+L} est plus petit que P_K. Ainsi, pour cette méthode d'accélération dans $Exp(\mathbb{C}^N, K)$, le meilleur choix de compact L est l'ensemble réduit au point $(-\kappa_1, -\kappa_2, \ldots, -\kappa_N) \in \mathbb{C}^N$, où κ_j est le centre du plus petit disque fermé contenant K_j ($j = 1, 2, \ldots, N$).

Gabutti et Lyness ont étudié en [26] le cas $N = 1$, avec la fonction entière g définie par: $g(z) = e^{bz}$ $\forall z \in \mathbb{C}$ (pour un certain $b \in \mathbb{C}$). Ici, les preuves seront effectuées dans les espaces $Exp(\mathbb{C}^N, K)$ et $Exp(\mathbb{C}^N, L)$ en exploitant leur lien avec les fonctionnelles analytiques et leurs transformées de Fourier–Borel. Ceci permet simultanément de traiter le cas des séries à plusieurs variables et de généraliser la méthode à diverses fonctions g.

Concernant les fonctionnelles analytiques, on reprend toutes les notations et définitions du paragraphe 3, on y adjoint une opération supplémentaire:

Définition 10. *Étant données* $T \in \mathcal{H}'(K)$ *et* $U \in \mathcal{H}'(L)$ *(où K et L sont deux compacts de $\mathbb{C}^N$), la convolution de T et U est la fonctionnelle analytique, notée $T \star U$, définie par:*

$$\langle T \star U, h \rangle = \langle T_\zeta, \langle U_\omega, h(\zeta + \omega) \rangle \rangle \qquad \forall h \in \mathcal{H}(\mathbb{C}^N).$$

Remarque. La fonctionnelle analytique $T \star U$ est portable par $K + L$. Notons le comportement de la transformation de Fourier–Borel vis–à–vis de la convolution: $\widehat{T \star U} = \hat{T}.\hat{U}$ (pour plus de détails, voir [9, 24, 30, 35, 38, 41]).

Preuve du Théorème 7. La transformation de Fourier–Borel étant bijective puisque K et L sont convexes (voir le Théorème 3 au paragraphe 3), soient T et U les fonctionnelles analytiques, portables par K et L respectivement, telles que $\hat{T} = f$ et $\hat{U} = g$. La fonctionnelle analytique $T \star U$ appartient à $\mathcal{H}'(K + L)$ et sa transformée de Fourier–Borel $\widehat{T \star U} = fg$ appartient à $Exp(\mathbb{C}^N, K + L)$.

On note $R_j \geq 0$ et $S_j \geq 0$ les rayons des polydisques P_K et P_{K+L} respectivement: $P_K = P(R_1, R_2, \ldots, R_N)$ et $P_{K+L} = P(S_1, S_2, \ldots, S_N)$ avec $S_j < R_j$ pour tout j. Pour tout polydisque $P(r) = P(r_1, r_2, \ldots, r_N)$ avec $r_j > 0$ pour tout $j \in \{1, 2, \ldots, N\}$, les estimations de Cauchy fournissent:

$$|a_\nu| \leq \frac{1}{r^\nu} \cdot \max_{P(r)} |f| \quad \text{et} \quad |c_\nu| \leq \frac{1}{r^\nu} \cdot \max_{P(r)} |f.g| \quad \forall \nu \in \mathbb{N}^N.$$

Comme $K \subset P_K$, on a

$$H_K(z) \leq H_{P_K}(z) = \sum_{1 \leq j \leq N} R_j |z_j| \quad \forall z \in \mathbb{C}^N$$

et

$$H_K(z) \leq \sum_{1 \leq j \leq N} R_j r_j \qquad \forall z \in P(r).$$

Avec $\varepsilon > 0$ fixé quelconque (il sera ajusté unltérieurement) et $\mathbb{C}^N$ équipé de la norme

$$\|z\| = \sum_{1 \leq j \leq N} |z_j|,$$

la définition de $Exp(\mathbb{C}^N, K)$ (voir paragraphe 2) assure l'existence d'une constante $\alpha_\varepsilon > 0$ telle que

$$(14) \qquad |f(z)| \leq \alpha_\varepsilon \, e^{H_K(z) + \varepsilon \|z\|} \qquad\qquad \forall z \in \mathbb{C}^N.$$

On en déduit que:

$$|a_\nu| \leq \frac{1}{r^\nu} \, \alpha_\varepsilon \, \exp\left(\sum_{1 \leq j \leq N} (R_j + \varepsilon) r_j \right) \qquad \forall r \in]0, +\infty[^N \qquad \forall \nu \in \mathbb{N}^N.$$

Le minimum de $\frac{1}{r_j^{\nu_j}} e^{(R_j + \varepsilon) r_j}$ est atteint quand $r_j = \frac{\nu_j}{R_j + \varepsilon}$, pour chaque $j \in \{1, 2, \ldots, N\}$. Avec la convention $\nu_j^{\nu_j} = 1$ si $\nu_j = 0$, on aboutit à:

$$|a_\nu| \leq \alpha_\varepsilon \prod_{1 \leq j \leq N} \left(\frac{e(R_j + \varepsilon)}{\nu_j} \right)^{\nu_j} \qquad \forall \nu \in \mathbb{N}^N.$$

Par ailleurs, $fg \in Exp(\mathbb{C}^N, K + L)$, donc il existe une constante $\gamma_\varepsilon > 0$ telle que:

$$|f(z)\,g(z)| \leq \gamma_\varepsilon \, e^{H_{K+L}(z) + \varepsilon \|z\|} \qquad\qquad \forall z \in \mathbb{C}^N.$$

Or $H_{K+L}(z) \leq \sum_{1 \leq j \leq N} S_j |z_j| \; \forall z \in \mathbb{C}^N$. En majorant comme ci–dessus, on a:

$$|c_\nu| \leq \gamma_\varepsilon \prod_{1 \leq j \leq N} \left(\frac{e(S_j + \varepsilon)}{\nu_j} \right)^{\nu_j} \qquad \forall \nu \in \mathbb{N}^N.$$

Puisque la série

$$\sum_{n \in \mathbb{N}} \left(\frac{t}{n} \right)^n$$

converge pour tout $t \in \mathbb{C}$, notons sa somme $\varphi(t)$. Son reste d'ordre n sera noté:

$$\varphi_n(t) = \sum_{k \geq n} \left(\frac{t}{k}\right)^k .$$

Pour $0 \leq t \leq u$, remarquons que:

$$0 \leq \varphi_n(t) \leq \left(\frac{t}{u}\right)^n \varphi_n(u) \leq \varphi_n(u).$$

Soient

$$A_n(z) = \sum_{\nu \in E_n} a_\nu \, z^\nu \qquad \text{et} \qquad C_n(z) = \sum_{\nu \in E_n} c_\nu \, z^\nu$$

les restes d'ordre n associés aux séries de puissances

$$\sum_{\nu \in \mathbb{N}^N} a_\nu \, z^\nu \qquad \text{et} \qquad \sum_{\nu \in \mathbb{N}^N} c_\nu \, z^\nu$$

respectivement, où

$$E_n = \bigcup_{h=1}^{N} \{\nu \in \mathbb{N}^N \, : \, \nu_h \geq n\}.$$

Avec $\delta_\varepsilon = \max(\alpha_\varepsilon, \gamma_\varepsilon)$, on a la majoration suivante pour tous $z \in \mathbb{C}^N$:

$$
|A_n(z)| \; \leq \sum_{h=1}^{N} \sum_{\substack{\nu \in \mathbb{N}^N \\ \nu_h \geq n}} |a_\nu \, z^\nu| \leq \delta_\varepsilon \sum_{h=1}^{N} \sum_{\substack{\nu \in \mathbb{N}^N \\ \nu_h \geq n}} \prod_{1 \leq j \leq N} \left(\frac{e(R_j + \varepsilon)|z_j|}{\nu_j}\right)^{\nu_j}
$$

$$
\leq \delta_\varepsilon \sum_{h=1}^{N} \varphi_n\big(e(R_h + \varepsilon)|z_h|\big) \prod_{\substack{1 \leq j \leq N \\ j \neq h}} \varphi\big(e(R_j + \varepsilon)|z_j|\big) := M_n(z, R)
$$

et d'une façon similaire:

$$
|C_n(z)| \leq \delta_\varepsilon \sum_{h=1}^{N} \varphi_n\big(e(S_h + \varepsilon)|z_h|\big) \prod_{\substack{1 \leq j \leq N \\ j \neq h}} \varphi\big(e(S_j + \varepsilon)|z_j|\big) := M_n(z, S).
$$

Posons

$$\tau = \max_{1 \leq h \leq N} \frac{S_h + \varepsilon}{R_h + \varepsilon} .$$

Comme $\varphi_n\big(e(S_h + \varepsilon)|z_h|\big) \leq \tau^n \varphi_n\big(e(R_h + \varepsilon)|z_h|\big)$ pour tout h, les majorants de $|A_n(z)|$ et $|C_n(z)|$ satisfont $M_n(z, S) \leq \tau^n M_n(z, R)$ $\forall n \in I\!N$ $\forall z \in \mathbb{C}^N$. En choisissant ε assez petit au début de la preuve, on peut affirmer $\tau < 1$. Pour tout $z \in \mathbb{C}^N$ fixé, les deux suites

$$\Big(A_n(z)\Big)_{n \in I\!N} \qquad \text{et} \qquad \Big(C_n(z)\Big)_{n \in I\!N}$$

tendent trivialement vers 0 quand $n \to +\infty$. Il reste à expliquer pourquoi la convergence de la seconde est meilleure que celle de la première. On va vérifier que la précision $|C_n(z)| < \eta$ (avec un $\eta > 0$ donné) peut être assurée plus tôt que pour $|A_n(z)| < \eta$, c'est-à-dire: $|C_n(z)| < \eta$ est déjà garantie pour des entiers n plus petits. En effet, quand $M_n(z, R) < \eta$ (impliquant $|A_n(z)| < \eta$), alors $|C_n(z)|$ est déjà plus petit que $\tau^n \eta$. De plus, $M_n(z, R)$ et $M_n(z, S)$ décroissent quand n augmente (avec z, R et S fixés).

Dans le Théorème 7, la comparaison de K avec $K + L$ s'effectue à l'aide de polydisques (P_K et P_{K+L}). Une condition d'accélération peut aussi être visualisée géométriquement à l'aide de boules euclidiennes:

Théorème 8. *Soient K, L, f, g, a_ν et c_ν définis comme au Théorème 7. Soit B_K (resp. B_{K+L}) la plus petite boule $B(\rho)$ (resp. $B(\sigma)$) contenant K (resp. $K + L$). Si B_{K+L} est plus petite que B_K, alors la convergence de*

$$\sum_{\nu \in I\!N^N} c_\nu \, z^\nu$$

est meilleure que celle de

$$\sum_{\nu \in I\!N^N} a_\nu \, z^\nu.$$

Pour tout $\varepsilon > 0$, il existe une constante $\delta_\varepsilon > 0$ telle que les restes

$$F_n(z) = \sum_{\substack{\nu \in I\!N^N \\ |\nu| \geq n}} a_\nu \, z^\nu \qquad \text{et} \qquad H_n(z) = \sum_{\substack{\nu \in I\!N^N \\ |\nu| \geq n}} c_\nu \, z^\nu$$

satisfassent:

$$|F_n(z)| \leq \delta_\varepsilon \psi_n\big(e(\rho + \varepsilon)\|z\|_e\big) \quad \text{et} \quad |H_n(z)| \leq \delta_\varepsilon \left(\frac{\sigma + \varepsilon}{\rho + \varepsilon}\right)^n \psi_n\big(e(\rho + \varepsilon)\|z\|_e\big)$$

où $\psi_n(t) = \displaystyle\sum_{k \geq n} \binom{k + N - 1}{k} \left(\frac{t}{k}\right)^k$ pour tout $t \in \mathbb{C}$.

Remarque. On rappelle la notation: $|\nu| = \nu_1 + \nu_2 + \ldots + \nu_N$ $\forall \nu \in I\!N^N$.

Preuve. Les boules $B_K = B(\rho)$ et $B_{K+L} = B(\sigma)$ sont obtenues avec

$$\rho = \max_{\zeta \in K} ||\zeta||_e \qquad \text{et} \qquad \sigma = \max_{\omega \in K+L} ||\omega||_e < \rho.$$

Comme dans la preuve précédente, on a: $H_K(z) \leq H_{B_K}(z) = \rho\,||z||_e$ pour tout $z \in \mathbb{C}^N$, ainsi que $H_K(z) \leq \rho\,||r||_e \;\forall z \in P(r)$. Maintenant $\mathbb{C}^N$ est équipé de la norme euclidienne $||\,.\,||_e$ et l'estimation (14) fournit pour un $\varepsilon > 0$ fixé:

$$|a_\nu| \leq \alpha_\varepsilon \, \frac{1}{r^\nu} \, e^{(\rho+\varepsilon)||r||_e} \qquad \forall r \in]0,+\infty[^N \qquad \forall \nu \in \mathbb{N}^N.$$

Puisque

$$\frac{\partial}{\partial r_j} \left(e^{(\rho+\varepsilon)||r||_e - \nu_j \log r_j} \right) = \left((\rho+\varepsilon) \frac{r_j}{||r||_e} - \frac{\nu_j}{r_j} \right) e^{(\rho+\varepsilon)||r||_e - \nu_j \log r_j},$$

on a $(\rho+\varepsilon)\,r_j{}^2 = \nu_j\,||r||_e \;\forall j \in \{1,2,\dots,N\}$ au point r où le minimum de $\frac{1}{r^\nu}\,e^{(\rho+\varepsilon)||r||_e}$ est atteint. Ainsi $(\rho+\varepsilon)\,||r||_e = |\nu|$, d'où $r_j = \frac{\sqrt{\nu_j.|\nu|}}{\rho+\varepsilon} \;\forall j$, donc:

$$|a_\nu \, z^\nu| \leq \alpha_\varepsilon \left(\frac{(\rho+\varepsilon)e}{\sqrt{|\nu|}} \right)^{|\nu|} \cdot \prod_{j=1}^N \left(\frac{|z_j|}{\sqrt{\nu_j}} \right)^{\nu_j} \qquad \forall \nu \in \mathbb{N}^N \qquad \forall z \in \mathbb{C}^N.$$

Le Lemme 8 (rejeté en fin de paragraphe, voir ci–dessous) conduit à:

$$|a_\nu \, z^\nu| \leq \alpha_\varepsilon \left(\frac{e(\rho+\varepsilon)\,||z||_e}{|\nu|} \right)^{|\nu|} \qquad \forall \nu \in \mathbb{N}^N \qquad \forall z \in \mathbb{C}^N.$$

Un résultat de combinatoire classique (voir par exemple [25]) assure que

$$\sum_{\substack{\nu \in \mathbb{N}^N \\ |\nu|=k}} 1 = \binom{k+N-1}{k} = \frac{(k+N-1)!}{k!\,(N-1)!}.$$

On en déduit que

$$|F_n(z)| \leq \sum_{k \geq n} \sum_{\substack{\nu \in \mathbb{N}^N \\ |\nu|=k}} |a_\nu \, z^\nu| \leq \alpha_\varepsilon \sum_{k \geq n} \left(\frac{e(\rho+\varepsilon)\,||z||_e}{k} \right)^k \cdot \binom{k+N-1}{k}.$$

En procédant de même, on a également:

$$|H_n(z)| \leq \gamma_\varepsilon \sum_{k \geq n} \left(\frac{e(\sigma + \varepsilon)\, \|z\|_e}{k} \right)^k \cdot \binom{k + N - 1}{k},$$

avec γ_ε et δ_ε définis comme dans la preuve précédente, mais avec cette fois-ci la norme euclidienne $\|.\|_e$ au lieu de $\|.\|$. Puisque $\frac{\sigma + \varepsilon}{\rho + \varepsilon} < 1$, le Théorème 8 en découle.

Lemme 8. *Étant donnés $z \in (\mathbb{C}^*)^N$ et $n > 0$, on a l'estimation suivante:*

(15)
$$\prod_{j=1}^{N} \left(\frac{|z_j|^2}{x_j} \right)^{x_j} \leq \left(\frac{\|z\|_e^2}{n} \right)^n$$

pour tous les $x = (x_1, x_2, \ldots, x_N) \in]0, +\infty[^N$ tels que $x_1 + x_2 + \ldots + x_N = n$. Le terme de droite est le maximum de la fonction en x représentée dans le membre de gauche, sous la contrainte $|x| = n$.

Preuve. Introduisons la fonction Φ ci-dessous avec le multiplicateur de Lagrange $\lambda \in \mathbb{R}$:

$$\Phi(x_1, x_2, \ldots, x_N) = \sum_{j=1}^{N} x_j \left[\log |z_j|^2 - \log x_j \right] + \lambda \left(n - \sum_{j=1}^{N} x_j \right).$$

Ses dérivées partielles

$$\frac{\partial \Phi}{\partial x_j} = \left[\log |z_j|^2 - \log x_j \right] - 1 - \lambda$$

montrent que $x_j = |z_j|^2\, e^{-1-\lambda}$ $\forall j$ au point x où le maximum est atteint. Ceci implique $n = \|z\|_e^2\, e^{-1-\lambda}$ et alors

$$\frac{|z_j|^2}{x_j} = \frac{\|z\|_e^2}{n}$$

d'où la valeur du maximum.

Remarques.

1) Par continuité à l'origine, la majoration (15) s'étend à tous les $x \in [0, +\infty[^N$ sujets à la condition $|x| = n$.

2) Ce lemme s'applique aux multi–entiers $\nu \in I\!N^N$ astreints à la condition $|\nu| = n$ et reste valable pour tout $z \in \mathbb{C}^N$. Vérifions–le par exemple quand $z_1 = 0$, $z_j \neq 0 \ \forall j \geq 2$:

si $\nu_1 \neq 0$, alors $\left(\frac{|z_1|^2}{\nu_1}\right)^{\nu_1} = 0$ et l'inégalité (15) est immédiate;

si $\nu_1 = 0$, alors $\left(\frac{|z_1|^2}{\nu_1}\right)^{\nu_1} = 1$ et $\nu_2 + \nu_3 + \ldots + \nu_N = n$, ainsi le Lemme 8 fournit:

$$\prod_{j=2}^{N} \left(\frac{|z_j|^2}{\nu_j}\right)^{\nu_j} \leq \left(\frac{|z_2|^2 + \ldots + |z_N|^2}{n}\right)^n = \left(\frac{||z||_e^2}{n}\right)^n.$$

BIBLIOGRAPHIE

[1] A.B. ALEKSANDROV : *Function Theory in the Ball*, in: Several Complex Variables, Part II (G.M. Khenkin and A.G. Vitushkin Editors) Encyclopedia of Mathematical Sciences, Volume 8, Springer Verlag, 1994.

[2] A.B. ALEKSANDROV, J.M. ANDERSON et A. NICOLAU: *Inner functions, Bloch spaces and symmetric measures*, Proc. London Math. Soc. (3) 79 (1999), no. 2, 318–352.

[3] K.F. ANDERSEN: *On the representation of harmonic functions by their values on lattice points*, J. Math. Anal. Appl., 49 (1975), 692–695.

[4] J.M. ANDERSON, J. CLUNIE, C. POMMERENKE: *On Bloch functions and normal functions*, J. Reine Angew. Math. 270 (1974), 12–37.

[5] R. AULASKARI et H. CHEN: *On Bloch and automorphic functions*, J. Math. Anal. Appl. 217 (1998), no. 1, 15–31.

[6] R. AULASKARI et P. LAPPAN: *Additive automorphic functions and Bloch functions*, Canad. J. Math. 46 (1994), no. 3, 474–484.

[7] R. AULASKARI, P. LAPPAN, J. XIAO et R. ZHAO: *On α–Bloch spaces and multipliers of Dirichlet spaces*, J. Math. Anal. Appl. 209 (1997), no. 1, 103–121.

[8] V. AVANISSIAN: *Cellules d'harmonicité et prolongement analytique complexe*, Travaux en cours, Hermann, Paris, 1985.

[9] V. AVANISSIAN et R. GAY: *Sur une transformation des fonctionnelles analytiques et ses applications aux fonctions entières de plusieurs variables*, Bull. Soc. Math. France, 103 (1975), 341–384.

[10] S. AXLER: *The Bergman space, the Bloch space, and commutators of multiplication operators*, Duke Math. J. 53 (1986), no. 2, 315–332.

[11] L. BERNAL–GONZALEZ: *On universal entire functions with zero–free derivatives*, Arch. Math. 68 (1997), 145–150.

[12] J.P. BÉZIVIN et F. GRAMAIN: *Solutions entières d'un système d'équations aux différences*, Ann. Inst. Fourier (Grenoble) 43, No. 3 (1993), 791–814.

[13] A. BLOCH: *Les théorèmes de M. Valiron sur les fonctions entières et la théorie de l'uniformisation*, C. R. 178, 2051-2053 (1924).

[14] R. BOAS Jr: *Entire functions*, Academic Press Inc., New York, 1954.

[15] R. BOAS Jr: *An uniqueness theorem for harmonic functions*, J. Approx. Theory, 5 (1972), 425-427.

[16] R.C. BUCK: *A class of entire functions*, Duke Math. J. 13 (1946), 541–559.

[17] H. CARTAN: *Sur les systèmes de fonctions holomorphes à variétés linéaires lacunaires et leurs applications*, Ann. Sci. École Norm. Sup. (3) 45 (1928) 255–346.

[18] C.H. CHING: *An interpolation formula for harmonic functions*, J. Approximation Theory 15, No. 1 (1975), 50–53.

[19] C.H. CHING and C.K. CHUI: *A representation formula for harmonic functions*, Proc. Amer. Math. Soc. 39, No. 2 (1973), 349–352.

[20] C.K. CHUI and G.A. ROBERTS: *An interpolation formula for harmonic functions on the set of integers*, J. Approx. Theory 29 (1980), 144–150.

[21] I.E. CHYZHYKOV: *An addition to the $\cos \pi \rho$–theorem for subharmonic and entire functions of zero lower order*, Proc. Amer. Math. Soc. 130 (2002), no. 2, 517–528.

[22] P.D. CORDARO et F. TRÈVES: *Hyperfunctions on hypo–analytic manifolds*, Princeton NJ, Princeton University Press, 1994.

[23] J. DIEUDONNÉ: *Calcul infinitésimal*, Hermann, Paris, 1968.

[24] L. EHRENPREIS: *A fundamental principle for systems of linear differential equations with constant coefficients and some of its applications*, Proc. Intern. Symp. on Linear Spaces, 161–174, Jérusalem 1961.

[25] D. FOATA et A. FUCHS: *Calcul des probabilités*, Dunod Éditeur 1998.

[26] B. GABUTTI et J.N. LYNESS: *An acceleration method for the power series of entire functions of order 1*, Math. Comp. 39 (1982), no. 160, 587–597

[27] F. GRAMAIN: *Fonctions entières arithmétiques*, Séminaire P. Lelong, H. Skoda (Analyse) 17ème année, 1976/77, pp. 96–125, Lecture Notes in Mathematics, 694.

[28] W.K. HAYMAN: *Subharmonic functions,Vol.II*, London Mathematical Society Monographs, 20. Academic Press, Inc., London, 1989.

[29] W.K. HAYMAN and P.B. KENNEDY: *Subharmonic functions, Vol.I*, London Mathematical Society Monographs, No. 9. Academic Press, London–New York, 1976.

[30] L. HÖRMANDER: *An introduction to complex analysis in several variables*, Princeton, D. van Nostrand Company, 1966.

[31] L. HÖRMANDER: *Notions of convexity*, Boston MA, Basel, Berlin, Birkhaeuser, 1994.

[32] C. HOROWITZ: *Zeros of functions in the Bergman spaces*, Duke Math. J. 41 (1974), 693–710.

[33] Y.A. KAZMIN: *On a theorem of F. Carlson*, (Russian) Vestnik Moskov. Univ. Ser. I Mat. Mekh. 101, No. 4 (1992), 37–43; translation in *Moscow Univ. Math. Bull.* 47, No. 4 (1992), 32–37.

[34] E. LANDAU: *Über die Blochsche Konstante und zwei verwandte Weltkonstanten*, Math. Zeitschrift 30, 608–634 (1929); Coll. Works 9, 75–101.

[35] P. LELONG et L. GRUMAN: *Entire functions of several complex variables*, Grundlehren der mathematischen Wissenschaft, 282, Springer, 1986.

[36] B.Y. LEVIN : *Lectures on entire functions*, (Eds: Y. LYUBARSKII, M. SODIN, V. TKACHENKO), Translations of mathematical monographs, Providence RI, American Mathematical Society, 1996.

[37] B. MacCLUER et K. SAXE: *Spectra of composition operators on the Bloch and Bergman spaces*, Israel J. Math. 128 (2002), 325–354.

[38] A. MARTINEAU: *Sur les fonctionnelles analytiques et la transformation de Fourier–Borel*, J. Anal. Math. de Jérusalem 11 (1963), 1–164.

[39] M. MATELJEVIC et M. PAVLOVIC: *L^p–behavior of power series with positive coefficients and Hardy spaces*, Proc. Amer. Math. Soc. 87 (1983), no. 2, 309–316.

[40] Y. MIZUTA: *On the behaviour at infinity of superharmonic functions*, J. London Math. Soc. (2) 27 (1983), 97–105.

[41] G. PÓLYÀ: *Untersuchungen über Lücken und Singularitäten von Potenzreihen*, Math. Z. 19 (1929), 549–640.

[42] Q.I. RAHMAN et G. SCHMEISSER: *Representation of entire harmonic functions by given values*, J. Math. Anal. Appl., 115, No. 2 (1986), 461–469.

[43] N.V. RAO: *Carlson theorem for harmonic functions in $I\!R^n$*, J. Approx. Theory, 12 (1974), 309–314.

[44] R. REMMERT: *Classical topics in complex function theory*, Graduate texts in Mathematics, Springer, 1997.

[45] L.I. RONKIN: *Functions of completely regular growth*, Mathematics and its Applications (Soviet Series), 81. Kluwer Academic Publishers' Group, Dordrecht, 1992.

[46] W. RUDIN: *Function theory in the unit ball of $\mathbb{C}^n$*, Fundamental Principles of Mathematical Science, 241. Springer–Verlag, New York–Berlin, 1980.

[47] K. STROETHOFF: *Besov-type characterisations for the Bloch space*, Bull. Austral. Math. Soc. 39 (1989), no. 3, 405–420.

[48] D.W. STROOCK: *A concise introduction to the theory of integration*, Third edition, Birkhäuser Boston, Inc., Boston, MA, 1999.

[49] R. SUPPER: *Formules d'interpolation et théorèmes d'unicité pour des fonctions harmoniques de type exponentiel*, Annali Scuola Norm. Sup. di Pisa, Serie IV, 21 (1994), 299–310.

[50] R. SUPPER: *Subharmonic functions and their Riesz measure*, Journal of Inequalities in Pure and Applied Mathematics, 2, no.2, Paper No.16, 14 p. (2001). *http://jipam.vu.edu.au*

[51] R. SUPPER: *Accelerating the convergence of Taylor's expansions of entire functions with exponential type*, International Journal of Computational Analysis and Applications, Volume 1, no.3, 2002, pp. 225–235.

[52] R. SUPPER: *Zeros of entire functions of finite order*, Journal of Inequalities and Applications, 2002, Vol. 7 (1), pp.49–60 (Gordon and Breach Science Publishers, Taylor and Francis Group).

[53] R. SUPPER: *Bloch and gap subharmonic functions*, Real Analysis Exchange, Volume 28, number 2, August 2003, pp. 395–414 (Michigan State University Press).

[54] R. SUPPER: *Entire functions of exponential type and uniqueness conditions on their real part*, Rocky Mountain Journal of Mathematics, Volume 33, number 3, Fall 2003, pp. 1147–1174.

[55] R. SUPPER: *Subharmonic functions with a Bloch type growth*, Integral Transforms and Special Functions (Taylor and Francis Academic Publishers), 2005, Volume 16, number 7, pp. 587–596.

[56] R. SUPPER: *Subharmonic functions of order less than one*, Potential Analysis (Kluwer Academic Publishers), 2005, Volume 23, number 2, pp. 165–179.

[57] R. SUPPER: *Subharmonic functions in the unit ball*, Positivity (International Journal on Theory and Applications of Positivity in Analysis, Kluwer Academic Publishers), Volume 9, Number 4, December 2005, pp. 645–665.

[58] R.M. TIMONEY: *Bloch functions in several complex variables. I*, Bull. London Math. Soc. 12 (1980), no. 4, 241–267.

[59] A.M. TREMBINSKA: *A uniqueness theorem for entire functions of two complex variables*, J. Math. Anal. Appl. 158, no. 2 (1991), 456–465.

[60] V.S. VLADIMIROV: *Methods of the theory of functions of many complex variables*, Translated from the Russian by Scripta Technica, Inc. Translation edited by Leon Ehrenpreis, The M.I.T. Press, Cambridge, Mass.–London, 1966.

[61] S. YAMASHITA: *Gap series and α–Bloch functions*, Yokohama Math. J. 28 (1980), no. 1-2, 31–36.

[62] K. YOSHINO: *Some examples of analytic functionals and their transformations*, Tokyo J. Math. 5 (1982), no. 2, 479–490.

[63] K. YOSHINO: *Liouville type theorems for entire functions of exponential type*, Complex Variables: Th. and Appl. 5 (1985), no. 1, 21–51.

[64] K. YOSHINO: *On Carlson's theorem for holomorphic functions*, Algebraic analysis, Vol. II, 943–950, Academic Press, Boston, MA, 1988.

[65] K. YOSHINO: *Difference equation in the space of holomorphic functions of exponential type and Ramanujan summation*, Algebraic analysis methods in microlocal analysis (Kyoto, 1996). Surikaisekikenkyusho Kokyuroku No. 983 (1997), 188–199.

[66] D. ZEILBERGER: *Uniqueness theorems for harmonic functions of exponential type*, Proc. Amer. Math. Soc. 61 (1976), 335–340.

[67] R.H. ZHAO: *On a general family of function spaces*, Ann. Acad. Sci. Fenn. Math. Diss. No. 105 (1996).

125

[68] R.H. ZHAO: *On α–Bloch functions and VMOA*, Acta Math. Sci. 16 (1996), no. 3, 349–360.

[69] K.H. ZHU: *Operator theory in function spaces*, Monographs and Textbooks in Pure and Applied Mathematics, 139. Marcel Dekker, Inc., New York, 1990.

[70] K.H. ZHU: *Bloch type spaces of analytic functions*, Rocky Mountain J. Math. 23 (1993), no. 3, 1143–1177.

[71] K.H. ZHU: *Zeros of functions in Fock spaces*, Complex Variables Theory Appl. 21 (1993), no. 1-2, 87–98.

[72] C. ZUILY: *Distributions et équations aux dérivées partielles*, Collection Méthodes, Hermann, Paris, 1986.

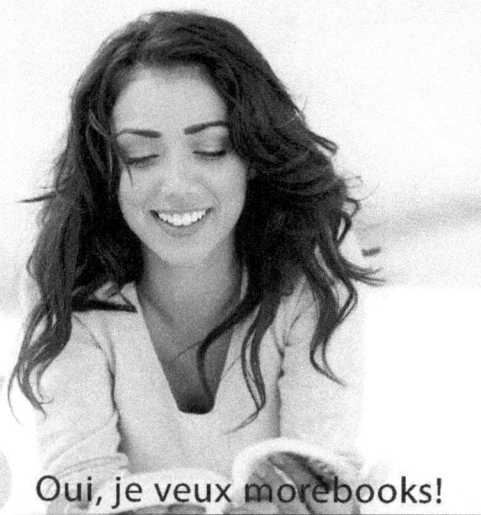

www.ingramcontent.com/pod-product-compliance
Lightning Source LLC
Chambersburg PA
CBHW021932220326
41598CB00061BA/1377